Prevención de Riesgos Laborales en Construcción

Roberto Pérez Huguet

ic editorial

Prevención de Riesgos Laborales en Construcción
© Roberto Pérez Huguet

1ª Edición

© IC Editorial, 2025

Editado por: IC Editorial
c/ Cueva de Viera, 2, Local 3
Centro Negocios CADI
29200 Antequera (Málaga)
Teléfono: 952 70 60 04
Fax: 952 84 55 03
Correo electrónico: iceditorial@iceditorial.com
Internet: www.iceditorial.com

ISBN: 978-84-1184-808-4
Depósito Legal: MA 727-2025

Impresión: PODiPrint
Impreso en Andalucía – España

Nota de la editorial: IC Editorial pertenece a Innovación y Cualificación S. L.

Presentación del manual

El **Certificado de Profesionalidad** es el instrumento de acreditación, en el ámbito de la Administración laboral, de las cualificaciones profesionales del Catálogo Nacional de Cualificaciones Profesionales adquiridas a través de procesos formativos o del proceso de reconocimiento de la experiencia laboral y de vías no formales de formación.

El elemento mínimo acreditable es la **Unidad de Competencia**. La suma de las acreditaciones de las unidades de competencia conforma la acreditación de la competencia general.

Una **Unidad de Competencia** se define como una agrupación de tareas productivas específica que realiza el profesional. Las diferentes unidades de competencia de un certificado de profesionalidad conforman la **Competencia General**, definiendo el conjunto de conocimientos y capacidades que permiten el ejercicio de una actividad profesional determinada.

Cada **Unidad de Competencia** lleva asociado un **Módulo Formativo**, donde se describe la formación necesaria para adquirir esa **Unidad de Competencia**, pudiendo dividirse en **Unidades Formativas**.

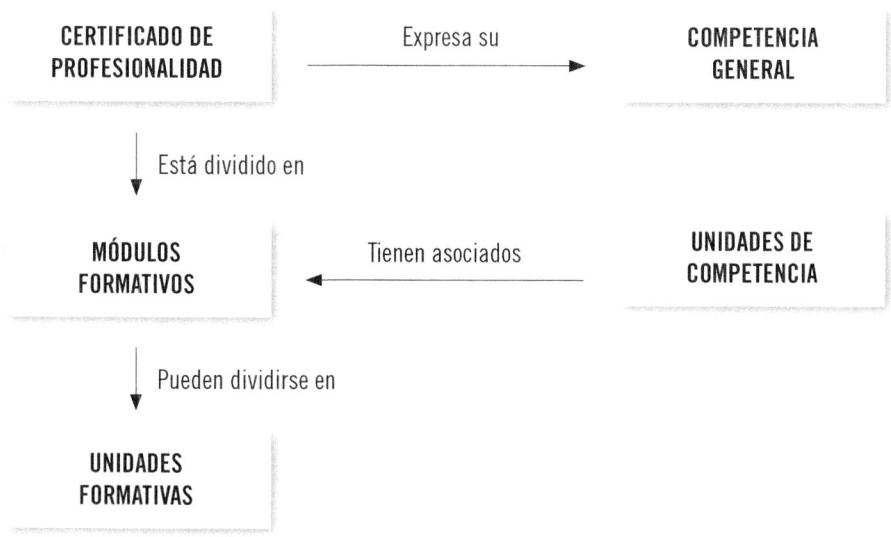

El presente manual desarrolla la Unidad Formativa **UF0531: Prevención de riesgos laborales en construcción,**

perteneciente al Módulo Formativo **MF0143_2: Obras de fábrica vista,**

asociado a la unidad de competencia **UCO143_2: Construir fábricas vistas,**

del Certificado de Profesionalidad **Fábricas de albañilería**

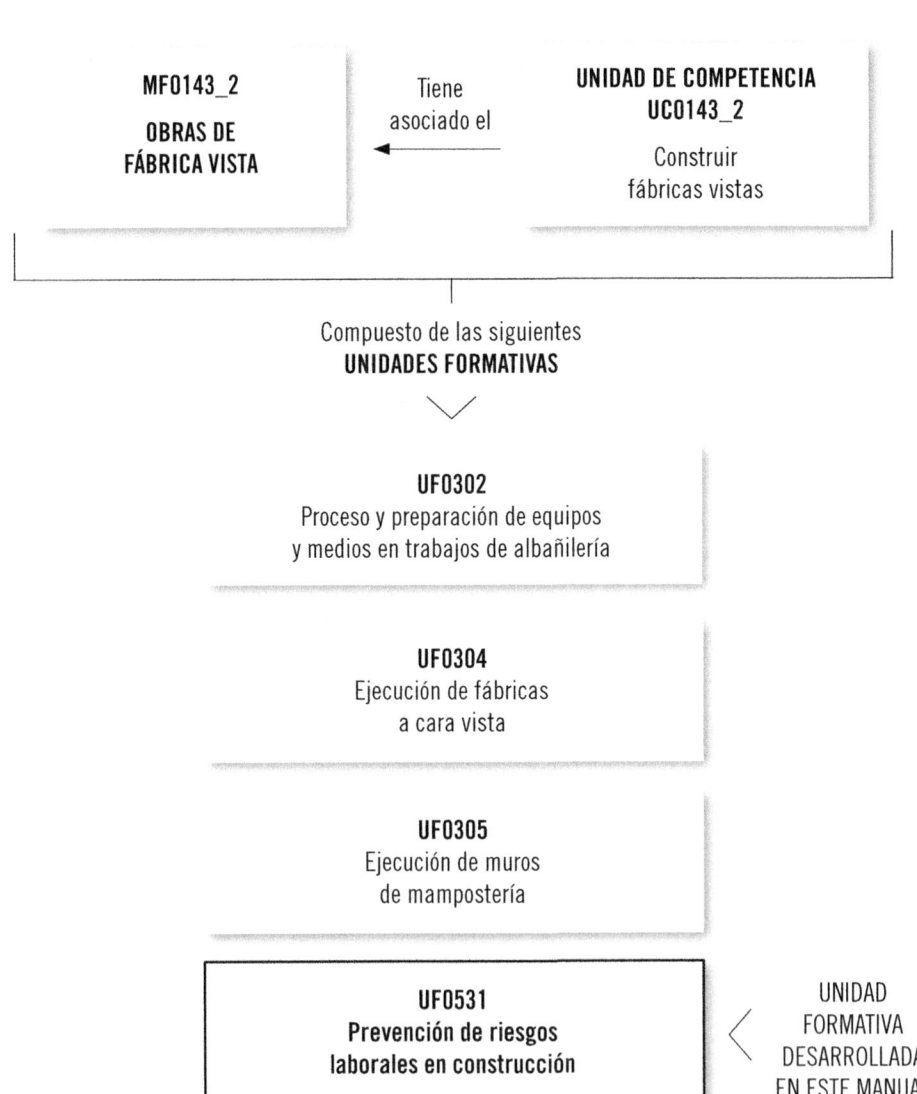

MF0143_2

OBRAS DE FÁBRICA VISTA

Tiene asociado el

UNIDAD DE COMPETENCIA UCO143_2

Construir fábricas vistas

Compuesto de las siguientes **UNIDADES FORMATIVAS**

UF0302
Proceso y preparación de equipos y medios en trabajos de albañilería

UF0304
Ejecución de fábricas a cara vista

UF0305
Ejecución de muros de mampostería

UF0531
Prevención de riesgos laborales en construcción

UNIDAD FORMATIVA DESARROLLADA EN ESTE MANUAL

FICHA DE CERTIFICADO DE PROFESIONALIDAD

(EOCB0108) FÁBRICAS DE ALBAÑILERÍA (R. D. 1212/2009, de 17 de julio, modificado por el R. D. 615/2013, de 2 de agosto)

COMPETENCIA GENERAL: Organizar y realizar obras de fábrica de albañilería de ladrillo, bloque y piedra (muros resistentes, cerramientos y particiones), siguiendo las directrices especificadas en documentación técnica y las prescripciones establecidas en materia de seguridad y calidad.

Cualificación profesional de referencia		Unidades de competencia	Ocupaciones o puestos de trabajo relacionados:
EOC052_2 FÁBRICAS DE ALBAÑILERÍA	UC0869_1:	Elaborar pastas, morteros, adhesivos y hormigones	• 7110.001.6 Albañil
	UC0142_1:	Construir fábricas para revestir	• 7110.005.0 Colocador de ladrillo caravista
(RD 295/2004 de 20 de febrero y modificaciones de RD 872/2007 de 2 de julio)	UC0143_2:	Construir fábricas vistas	• 7110.005.0 Albañil caravistero • 7110.002.7 Mampostero • Colocador de bloque prefabricado • Albañil tabiquero
	UC0141_2:	Organizar trabajos de albañilería	• Albañil piedra construcción • Oficial de miras • Jefe de equipo de fábricas de albañilería

Correspondencia con el Catálogo Modular de Formación Profesional

Módulos certificado	Unidades formativas	Horas U.F.
MF0869_1: Pastas, morteros, adhesivos y hormigones		30
MF0142_1: Obras de fábrica para revestir	UF0302: Proceso y preparación de equipos y medios en trabajos de albañilería	40
	UF0303: Ejecución de fábricas para revestir	80
MF0143_2: Obras de fábrica vista	UF0302: Proceso y preparación de equipos y medios en trabajos de albañilería	40
	UF0304: Ejecución de fábricas a cara vista	80
	UF0305: Ejecución de muros de mampostería	70
	UF0531: Prevención de riesgos laborales en construcción	50
MF0141_2:Trabajos de albañilería		60
MP0072: Módulo de prácticas profesionales no laborales de Fábricas de albañilería		80

Índice

Capítulo 1

Seguridad y salud en el trabajo

Contenido

1. Introducción

La seguridad y la higiene en el entorno laboral son fundamentales para garantizar el bienestar de las personas trabajadoras que desarrollan su actividad laboral en las empresas. Para garantizar dicho bienestar y seguridad se deben establecer las pautas y procedimientos necesarios para prevenir accidentes, minimizar riesgos y promover un ambiente de trabajo saludable.

Con el paso del tiempo, las normativas laborales y de seguridad son cada vez más estrictas, por lo que se vuelve fundamental que todas las personas trabajadoras entiendan que la seguridad es un aspecto que afecta a la totalidad de la plantilla, independientemente del nivel jerárquico que cada persona trabajadora desempeñe dentro de la empresa. La prevención de los accidentes, además de proteger a las personas trabajadoras, también contribuye a mejorar la productividad y al buen clima organizacional, por lo cual se deben tener en cuenta los siguientes aspectos:

1. **Identificación de los riesgos:** métodos para reconocer y evaluar los peligros existentes en el entorno laboral.
2. **Protocolos de seguridad:** normas y procedimientos que deben seguirse para evitar accidentes y lesiones.
3. **Capacitación y concienciación:** importancia de la formación en todos los aspectos relacionados con la seguridad y con los procesos de trabajo.
4. **Responsabilidades:** obligaciones de los empleados, independientemente del nivel jerárquico que tengan, en la implementación y control de las medidas de seguridad.
5. **Plan de emergencia:** procedimientos que seguir en caso de accidente o situaciones de emergencia.

Mediante la prevención de los riesgos laborales se busca el fomento de una cultura de seguridad que empodere a los empleados para actuar proactivamente en la protección de su salud y en la del resto de compañeros. La colaboración de todos se convierte en un elemento fundamental para lograr un ambiente laboral seguro y eficiente.

2. El trabajo y la salud

Los términos *salud* y *trabajo,* aunque no son equivalentes, se encuentran relacionados de forma casi inseparable, puesto que se necesita salud para trabajar y el trabajo en malas condiciones provoca una influencia negativa sobre la salud.

La Organización Internacional del Trabajo (OIT) es el organismo de las Naciones Unidas que se encarga de los asuntos relacionados con el trabajo y con las relaciones laborales.

2.1. Definición y componentes de la salud

La Organización Mundial de la Salud, en su declaración de principios, define la salud, además de como la ausencia de afecciones o enfermedades, el estado completo de bienestar físico, mental y social, para lo cual es necesaria la cooperación entre las personas y los organismos públicos.

La salud está conformada por distintos componentes, internos y externos, entre los que se encuentran:

- La salud física
- La salud mental
- La salud social
- La salud espiritual
- La salud emocional

La salud física

Este componente afecta directamente a las personas, puesto que se refiere a la visión que una persona tiene sobre su propio aspecto físico. Habitualmente este componente se convierte en uno de los más importantes y que mayor influencia tiene sobre las personas.

Dentro de este aspecto se encuentran los relacionados con el aspecto corporal: peso, agudeza visual y auditiva, estado físico, movilidad, coordinación, etc.

La salud mental

Este aspecto afecta a la forma de pensar, sentir y actuar cuando las personas se enfrentan a un problema que se les presenta en el día a día. Determina la manera de comportarse de las personas y la forma de relacionarse con otras personas, además de justificar la forma en la que se toman las decisiones.

La salud social

Es importante que la interacción con el resto de los miembros que rodean a las personas a la hora de trabajar sea adecuada, de forma que la integración y las relaciones interpersonales en el ambiente de trabajo sean adecuadas.

La salud espiritual

La salud espiritual es la capacidad de encontrar la paz o fuerza interior para afrontar con calma y serenidad las situaciones adversas que se puedan presentar en el día a día de las personas. Para algunas personas este componente de la salud emana de un Dios, de la naturaleza o de diferentes leyes científicas.

Salud emocional

La salud emocional es la capacidad de expresar los sentimientos, adaptarse a los cambios emocionales, tolerar la frustración y hacer frente a los problemas que se puedan encontrar las personas en su día a día de la manera más adecuada para disfrutar de cada momento de la vida.

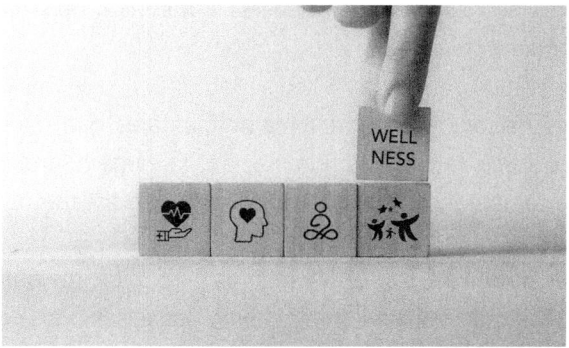

El bienestar es la combinación de distintos componentes de la salud.

2.2. Los riesgos profesionales, factores de riesgo

Los factores de riesgo son los elementos o condiciones que pueden aumentar las probabilidades de que una persona trabajadora sufra una lesión o una enfermedad. Habitualmente los factores de riesgo tienen asociadas unas enfermedades.

 Sabía que...

En España los principales factores de riesgo son el tabaco, el alcohol, la dieta inadecuada, la falta de ejercicio, el estrés y la exposición a las enfermedades.

Los factores de riesgo se pueden clasificar en:

- **Factores de riesgo modificables:** son aquellos que se pueden controlar si se realizan cambios en el estilo de vida, como el cuidado de la dieta, dejar de fumar, hacer ejercicio, etc.
- **Factores de riesgo no modificables**: aquellos que no se pueden cambiar, pero que si se controlan se reduce la posibilidad de sufrir enfermedades o lesiones. En este grupo se encuentran la edad, el género, la genética, etc.

Los factores de riesgo pueden deberse a distintos tipos de agentes, entre los que se encuentran:

- **Agentes físicos:** son los factores ambientales que rodean al puesto de trabajo, como el ruido, la iluminación, la carga de trabajo, las radiaciones, la temperatura o las vibraciones, y que afectan al bienestar de la persona trabajadora.
- **Agentes químicos:** son los elementos o compuestos químicos presentes en el puesto de trabajo como el humo, los gases o los propios productos químicos que pueden ser tóxicos o no para las personas trabajadoras.

- **Agentes biológicos:** son las sustancias biológicas con capacidad de causar enfermedades (bacterias, virus, alérgenos, etc.) si las personas trabajadoras no están protegidas adecuadamente.
- **Riesgos psicosociales:** son los elementos que pueden afectar a la salud mental y al bienestar de las personas trabajadoras si no se tratan adecuadamente. En este grupo se encuentran el estrés, la fatiga, la falta de motivación y la sobrecarga de trabajo.

3. Daños derivados del trabajo

Los daños derivados del trabajo son todos aquellos que se deben a las enfermedades, patologías o lesiones que una persona trabajadora puede sufrir en su jornada laboral o en el desplazamiento a su puesto de trabajo.

Los daños derivados del trabajo se pueden catalogar en **accidentes de trabajo** y de **enfermedades profesionales.**

3.1. Los accidentes de trabajo y las enfermedades profesionales

Los accidentes de trabajo se pueden definir como cualquier suceso que se presenta de forma inesperada y causa lesiones a las personas trabajadoras.

Para saber más

En el siguiente enlace puede acceder a una clasificación realizada por la empresa Fremap de las actividades que son consideradas o no accidente de trabajo, atendiendo al artículo 156 del Real Decreto Legislativo 8/2015, de 20 de octubre, por el que aprueba el Texto Refundido de la Ley General de la Seguridad Social.

Continúa en página siguiente >>

<< Viene de página anterior

https://redirectoronline.com/uf05310101

Los accidentes de trabajo se clasifican dependiendo de la gravedad de las lesiones. Pueden ser, de mayor a menor gravedad: mortales, muy graves, graves, leves y sin bajas.

Se considera enfermedad profesional toda aquella contraída como consecuencia del trabajo desarrollado por cuenta propia o ajena según las actividades indicadas en el cuadro de enfermedades profesionales.

El listado de enfermedades profesionales se recoge en el Real Decreto 1299/2006, de 10 de noviembre, que las agrupa en seis categorías:

- Categoría 1: causadas por agentes químicos
- Categoría 2: causadas por agentes físicos
- Categoría 3: causadas por agentes biológicos
- Categoría 4: causadas por inhalación de sustancias y agentes no comprendidos en otros apartados
- Categoría 5: de la piel, causada por sustancias y agentes no comprendidos en alguno de los otros apartados
- Categoría 6: causadas por agentes carcinogénicos

3.2. Incidentes

Un incidente es un acontecimiento repentino que no produce daños a la persona trabajadora, pero que representa un peligro potencial, puesto que puede convertirse en un accidente de trabajo.

Sabía que...

La norma OHSAS 18001 que establece los requisitos para implantar un sistema de gestión de la seguridad y la salud en el trabajo define así *incidente de trabajo:* "Suceso o sucesos relacionados con el trabajo en el cual ocurre o podría haber ocurrido un daño, un deterioro de la salud (sin tener en cuenta la gravedad) o una fatalidad".

Los incidentes son fallos que no producen lesión y que se deben tener en cuenta para actualizar el manual de prevención de riesgos de la empresa, puesto que pueden dar lugar a un accidente de trabajo, lo que obliga a implementar las medidas correspondientes para evitar que se repitan en un futuro.

Los incidentes son accidentes sin daño.

3.3. Otras patologías derivadas del trabajo

Como se ha indicado anteriormente, sobre una persona trabajadora, también influyen otros elementos, físicos o psicológicos, que intervienen en la manera en la que la persona trabajadora va a llevar a cabo las tareas encomendadas.

Fatiga

La fatiga es la sensación de cansancio o falta de energía susceptible de reducir la capacidad funcional de la persona trabajadora, debido al exceso de trabajo o falta de descanso.

La fatiga afecta a todo el cuerpo tanto física como psicológicamente, motivo por el cual las personas fatigadas suelen encontrarse débiles, agotadas, exhaustas, o realizan los movimientos habituales con una velocidad menor.

Insatisfacción laboral

La insatisfacción laboral es el sentimiento negativo que algunas personas trabajadoras tienen hacia su empresa o puesto de trabajo. Puede deberse a unas malas condiciones laborales o una imposibilidad de progresar en su empresa. Suele desembocar en una disminución del rendimiento o el aumento del absentismo laboral.

Para tratar de aumentar el grado de satisfacción de las personas trabajadoras, las empresas trabajan el cuidado y el desarrollo profesional sus integrantes.

Disminución de capacidad

La capacidad de trabajo tiende a disminuir con la edad, debido en gran parte a causas biológicas, provocadas mayoritariamente por el paso del tiempo, que limita la capacidad de respuesta a las exigencias del puesto.

Actividades

1. Investigue acerca de otras patologías que se pueden derivar de la acción laboral y que no se hayan citado en este punto.

Aplicación práctica

Es jueves y le han enviado con dos compañeros a la obra de construcción en la que está desarrollando su actividad laboral, puesto que se debe acabar ese trabajo esta tarde para no incurrir en la penalización establecida.

A uno de sus compañeros le cuesta mucho coger el ritmo de trabajo, puesto que ayer estuvo en otra obra en la que la exigencia física fue muy alta y cada vez que coge una herramienta se le cae al suelo. Mientras, el otro compañero se dedica a protestar por la baja remuneración que reciben para todo el trabajo que llevan a cabo.

Indique las patologías derivadas del trabajo que presentan los trabajadores.

SOLUCIÓN

El primer trabajador presenta síntomas de fatiga por el esfuerzo realizado el día anterior, lo que le provoca un aumento del número de incidentes que se presentan en su jornada laboral, por lo que sería más conveniente que descansara.

El segundo trabajador presenta síntomas de insatisfacción, puesto que considera que para el trabajo que realice la remuneración económica es baja. Se le recomendaría que hablase de esta situación con la persona responsable de revertirla.

4. Técnicas de seguridad: prevención y protección

Aunque prevención y protección trabajan en el mismo ámbito, son términos que no se deben confundir. La prevención se refiere a la manera en la que se trata de evitar que se produzca un accidente, mientras que la protección trata de reducir las consecuencias del accidente una vez que se ha producido.

4.1. Prevención

Al referirse al campo de la prevención, se alude al conjunto de acciones o medidas adoptadas para tratar de evitar que se produzcan accidentes, mediante la eliminación del riesgo o por la colocación de barreras físicas que eviten que la persona trabajadora acceda a ese riesgo.

La Ley 31/1995, de 8 de noviembre, de Prevención de Riesgos Laborales obliga a las empresas a implantar un sistema de prevención de riesgos en el que se recogerán los riesgos a los que las personas trabajadoras se enfrentan en el desarrollo de su desempeño laboral y las medidas preventivas que se han implantado para evitarlos o para reducir los daños que no sea posible evitar.

El riesgo más frecuente al que se enfrentan las personas trabajadoras del sector de la construcción es el riesgo en altura, debido a los trabajos que se desarrollan sobre escaleras o andamios.

 Sabía que...

El artículo 4.1. de la Ley de Prevención de Riesgos Laborales define *medidas de prevención* como "conjunto de actividades o medidas adoptadas o previstas en todas las fases de actividad de la empresa con el fin de evitar o disminuir los riesgos derivados del trabajo".

Dentro del ámbito de la prevención, una pieza clave son las propias personas trabajadoras. Sin su colaboración aumenta la posibilidad de que se produzca un accidente, por lo que se debe hacer hincapié en que:

- Siempre existe la posibilidad de que se produzca un accidente, aunque el riesgo sea muy pequeño.
- No se debe asumir ningún riesgo por realizar un trabajo.
- Los riesgos siempre están presentes.
- Se debe priorizar la seguridad colectiva ante la individual.
- Hay que tratar de eliminar los riesgos y, si no fuera posible, se implantarán las medidas de protección del personal.

 Importante

El concepto de prevención obliga a actuar sobre el riesgo, sobre la probabilidad, sobre las consecuencias o sobre todas ellas simultáneamente.

4.2. Protección

Al hacer referencia a las medidas de protección, se alude a los medios de protección, que son los elementos encargados de proteger a las personas trabajadoras frente a los accidentes que se materialicen para tratar de reducir las lesiones que puede sufrir.

Dentro de las medidas de protección, se deben analizar los riesgos a los que se enfrentan las personas trabajadoras en el desarrollo de sus actividades laborales, por lo que una misma persona puede utilizar distintas medidas de protección.

Las medidas de protección más habituales son:

- Resguardos y dispositivos de seguridad de los equipos, máquinas e instalaciones.
- Equipos de protección colectiva e individual necesarios y adecuados al trabajo que se vaya a realizar.

- Elaboración de un plan, para hacer frente a las posibles situaciones de emergencia.
- Medios humanos y materiales adecuados en primeros auxilios.

Un aspecto que se debe cuidar a la hora de seleccionar los equipos de protección es la **calidad y la certificación del producto,** para lo que se hace obligatorio el marcado CE en todos ellos.

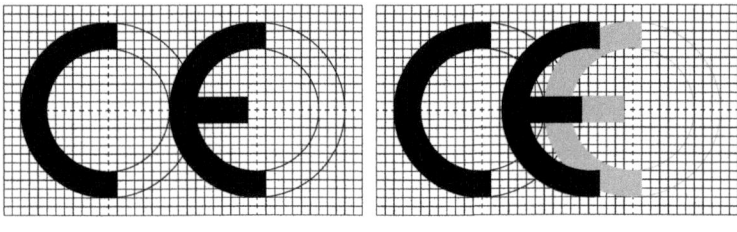

Marcado CE   China Export

Diferencias entre el marcado CE y el signo China Export

 **Importante**

No se debe confundir el marcado CE con el signo China Export. Todos los productos con el marcado CE superan rigurosos controles que garantizan la seguridad del usuario final.

Las medidas de protección se apoyan en las medidas de señalización para advertir a las personas trabajadoras de los riesgos a los que se enfrentan en cada una de las ubicaciones de la instalación.

Actividades

2. Acceda a la guía técnica para la evaluación y prevención de los riesgos relativos a las obras de construcción del INSST e identifique las medidas de prevención y protección más habituales en las obras de construcción.

5. Técnicas de salud

La prevención de la salud recoge las medidas destinadas a prevenir la aparición de la enfermedad, reducir los factores de riesgo, detener su avance o atenuar sus consecuencias.

Para controlar un problema de salud, las técnicas de prevención se pueden clasificar en:

- **Prevención primaria,** que agrupa a todas las actividades sanitarias orientadas a la población general. Estas medidas están dirigidas a prohibir o disminuir la exposición de las personas a ese factor dañino para su salud, como sucedió con la vacunación contra la covid-19 o cuando se desarrollan campañas de promoción de hábitos saludables.
- **Prevención secundaria,** orientada a la detección, diagnóstico y tratamiento precoz de una enfermedad como por ejemplo las campañas de detección precoz del cáncer de mama o el cribado de cáncer de colon.
- **Prevención terciaria,** enfocada al tratamiento de la propia enfermedad para tratar de reducir las secuelas o trabajar sobre la rehabilitación una vez que se ha superado la enfermedad para mejorar la calidad de vida del paciente y que se reincorpore a la vida normal.

5.1. Higiene industrial

La higiene industrial es una de las especialidades establecidas en el Real Decreto 39/1997, de 17 de enero, por el que se aprueba el Reglamento de los Servicios de Prevención, para tratar de conseguir que se lleve a cabo una prevención integral y garantizar que la salud de las personas trabajadoras no se vea comprometida por el desempeño de su trabajo.

Esta especialidad preventiva tiene como objetivo la mejora de las condiciones ambientales de los puestos de trabajo para tratar de reducir el riesgo de sufrir una enfermedad profesional mediante el reconocimiento, la evaluación y el control de los factores ambientales que puedan encontrarse en el puesto de trabajo y ocasionar molestias a las personas trabajadoras.

Para la evaluación y el control de los contaminantes se debe llevar a cabo el siguiente proceso:

- Identificar los contaminantes que puedan afectar a la salud de la persona trabajadora.
- Medir la cantidad de contaminante existente.
- Clasificar la situación dependiendo de la medida de contaminante anterior. Puede darse una situación peligrosa o una segura.
- Si los valores alcanzados superan los límites establecidos y generan una situación peligrosa, se debe realizar un control ambiental o establecer el EPI adecuado para las personas que tengan que trabajar en esa ubicación. Si por el contrario los valores alcanzados no superan los límites establecidos y la situación es segura, se realizarán controles periódicos para controlar que no se superan los límites.

 Recuerde

Las etapas en la implementación de la higiene industrial son identificación de los peligros, evaluación de estos y prevención y control de riesgos.

5.2. Ergonomía

El objetivo de esta especialidad es la adecuación del puesto de trabajo y su entorno a la persona trabajadora, para tratar de mejorar las condiciones de trabajo cuidando su confort y su bienestar.

La ergonomía cuenta con seis objetivos, que se pueden resumir en los siguientes:

1. Detectar, analizar y disminuir los **riesgos laborales.**
2. **Adaptar** el puesto y las condiciones de trabajo al profesional.
3. Fomentar la **evolución** de las situaciones de trabajo.
4. Controlar la introducción de **nuevas tecnologías,** así como la adaptación de todo el equipo a estas.
5. Establecer las **características** que han de tener los útiles, herramientas y materiales para ser ergonómicos.
6. Aumentar la **motivación, el confort y la satisfacción** en el trabajo.

La Ley de Prevención de Riesgos Laborales recoge la obligatoriedad de "adaptar el trabajo a la persona, en particular en lo que respecta a la concepción de los puestos de trabajo, así como a la elección de los equipos y los métodos de trabajo y de producción, con miras a atenuar el trabajo monótono y repetitivo, y a reducir los efectos de este sobre la salud".

La ergonomía presta especial atención a seis aspectos:

1. **Demandas energéticas** de la actividad.
2. **Posturas de trabajo,** movimientos repetitivos y manipulación manual de cargas.
3. **Condiciones ambientales,** como el ruido, la iluminación, la temperatura, la humedad o las vibraciones.
4. **Factores relativos a la organización:** horarios, pausas y jornadas, turnos, etc.
5. **Calidad de la información** transmitida a los trabajadores (órdenes, instrucciones, normas) y cauces de comunicación.
6. **Interacciones persona-máquina:** en qué procesos y cómo van a ser las relaciones de trabajo entre las personas y las máquinas que utilizan en su desempeño profesional.

Para adecuar el puesto de trabajo a la persona trabajadora se deben tener en cuenta las siguientes condiciones:

- **Ajustar el sistema de trabajo** para que los esfuerzos de la persona trabajadora no sobrepasen los límites establecidos. Se deben controlar las cargas física y mental del trabajo, los descansos y las pausas, la configuración de los horarios y turnos, etc.
- **Estudio postural del puesto:** para evitar posturas que produzcan lesiones mediante la formación de los trabajadores para que puedan evitarlas.
- Concebir **máquinas, equipos e instalaciones** seguras y funcionales.
- **Adaptar las condiciones ambientales** a las necesidades del personal cuidando la iluminación, el ruido, la temperatura, etc.
- **Diseñar de modo ergonómico** el puesto de trabajo prestando especial atención a la altura, longitud de las piernas, alcance de los brazos, etc.

5.3. Medicina del trabajo

La medicina del trabajo es una especialidad médica recogida en el Reglamento de los Servicios de Prevención, que tiene como objetivo el cuidado de la salud de la persona trabajadora y los riesgos asociados a su puesto de trabajo.

La medicina del trabajo desarrolla un trabajo totalmente preventivo del cuidado de la salud de la persona trabajadora y de las patologías que esta pueda desarrollar derivadas del trabajo, para lo que se apoya en los reconocimientos médicos.

El Real Decreto 39/1997 establece en su artículo 37.3.b los distintos tipos de evaluación de la salud de los trabajadores:

- **Inicial,** en la incorporación al trabajo o de la asignación de nuevas tareas con nuevos riesgos específicos.
- **Periódica,** según los productos o condiciones de trabajo a los que esté expuesta la persona trabajadora o que lo exija la legislación vigente o la evaluación de riegos.
- **Después de una ausencia** prolongada por motivos de salud.
- **Trabajadoras en situación de embarazo, parto reciente o lactante.**

- **Trabajadores especialmente sensibles** que, debido a sus características personales, condiciones de salud, estado biológico o discapacidad física, psíquica o sensorial, es más vulnerable a los riesgos derivados de su puesto de trabajo.
- **Prolongada,** en los casos en los que la vigilancia periódica del estado de salud deba prolongarse más allá de la extinción de la relación laboral con la empresa y se deba llevar a cabo a través del Sistema Nacional de Salud.

5.4. Formación e información

Se puede definir **información** como el conjunto de datos que permiten aumentar o transmitir los conocimientos de una persona a otra. Aplicando esta definición al campo de la prevención de riesgos, se puede definir como las instrucciones que necesita una persona trabajadora para desempeñar el trabajo de forma correcta y segura.

La **formación** se puede definir como las comunicaciones, orales o escritas, que se le imparten a la persona trabajadora para que incremente sus habilidades o competencias para desempeñar su actividad laboral en condiciones de seguridad adecuadas.

Los artículos 18 y 19 de la Ley de Prevención de Riesgos Laborables recogen las obligaciones formativas que debe llevar a cabo el empresario, entre las que destacan:

- La formación e información es obligatoria y debe suministrarse a todas las personas trabajadoras, independientemente de la relación que estas tengan con la empresa siempre que le estén prestando sus servicios.
- Debe impartirse en el momento de la contratación y, periódicamente, cuando cambien las condiciones de trabajo.
- Debe contener los riesgos generales y específicos del puesto de trabajo, las medidas preventivas que adoptar y las medidas de emergencia.
- La formación debe ser teórica y práctica, de forma que la persona trabajadora tiene que ser capaz de elegir y utilizar adecuadamente los equipos de protección individual.

- La formación debe impartirse dentro de la jornada de trabajo o fuera de ella, previa negociación con los trabajadores o sus representantes, ya que el tiempo dedicado a la formación se considera como tiempo de trabajo y su coste nunca deberá recaer en ningún caso sobre el trabajador.
- Debe existir registro por escrito de la información y formación impartida.

Actividades

3. Investigue acerca de las especialidades establecidas en el Real Decreto 39/1997 y sus ámbitos de aplicación.
4. Evalúe la idoneidad de la obligatoriedad de la formación e información a las personas trabajadoras de una empresa.

Aplicación práctica

En la obra en la que se encuentra con sus dos compañeros observa que su compañero utiliza un destornillador como si fuese un cincel para rematar una roza que debe finalizar.

La radial no dispone de protección del disco de corte porque molesta para realizar el corte de ladrillos y azulejos; además, el trabajador que la usa no emplea gafas de protección porque no se le han facilitado.

Indique los incumplimientos desde el punto de vista de la prevención que se producen y la responsabilidad de cada uno de ellos.

SOLUCIÓN

El uso del destornillador como si fuera un cincel es un incumplimiento del operario, puesto que los trabajadores tienen la obligación de usar adecuadamente las herramientas.

Continúa en página siguiente >>

<< Viene de página anterior

El uso de la radial sin protección del disco de corte también es un incumplimiento del trabajador, puesto que es una obligación no poner fuera de funcionamiento los dispositivos de seguridad. El que no tenga gafas de protección es un incumplimiento del empresario, que debe facilitar a los trabajadores todos los medios de protección necesarios para que estos desarrollen su actividad laboral con las medidas de seguridad establecidas en el plan de prevención de riesgos.

6. Marco normativo básico en materia de prevención de riesgos laborales; derechos (protección, información, formación en materia preventiva, consulta y participación) y deberes básicos en esta materia

Aunque la Ley 31/1995, de 8 de noviembre, de Prevención de Riesgos Laborales es la normativa que regula expresamente los riesgos laborales, con anterioridad a su promulgación, la Constitución española, en su artículo 40.2, encomienda a los poderes públicos velar por la seguridad e higiene en el trabajo.

En el capítulo III de la Ley 31/1995 se establecen los derechos y obligaciones de las personas trabajadoras, que coinciden con las obligaciones de las empresas.

Los artículos más importantes con respecto a los derechos y obligaciones de las personas trabajadoras son:

- Artículo 14. Derecho a la protección frente a los riesgos laborales.
- Artículo 15. Principios de la acción preventiva.
- Artículo 16. Plan de prevención de riesgos laborales, evaluación de los riesgos y planificación de la actividad preventiva.
- Artículo 17. Equipos de trabajo y medios de protección.
- Artículo 18. Información, consulta y participación de los trabajadores.
- Artículo 19. Formación de los trabajadores.
- Artículo 20. Medidas de emergencia.
- Artículo 21. Riesgo grave e inminente.
- Artículo 22. Vigilancia de la salud.

- Artículo 23. Documentación.
- Artículo 24. Coordinación de actividades empresariales.
- Artículo 25. Protección de trabajadores especialmente sensibles a determinados riesgos.
- Artículo 26. Protección de la maternidad.
- Artículo 27. Protección de los menores.
- Artículo 28. Relaciones de trabajo temporales, de duración determinada y en empresas de trabajo temporal.
- Artículo 29. Obligaciones de los trabajadores en materia de prevención de riesgos.

 Importante

El artículo quinto, referente a los deberes laborales de las personas trabajadoras, establece que estas deben:

a. Cumplir con las obligaciones concretas de su puesto de trabajo, de conformidad a las reglas de la buena fe y diligencia.
b. Observar las medidas de seguridad e higiene que se adopten.

 Sabía que...

El incumplimiento de las obligaciones en materia de prevención de riesgos por las personas trabajadoras tiene la consideración de incumplimiento laboral a los efectos previstos en el Estatuto de los Trabajadores o de falta conforme a lo establecido en la normativa de régimen disciplinario de los funcionarios públicos o del personal al servicio de las Administraciones públicas.

7. Riesgos generales y su prevención

Para conseguir un plan de prevención adaptado a la empresa se deben identificar los riesgos de todos los puestos de trabajo, para lo que hay que realizar un inventario de estos y de las situaciones que se le puedan presentar a la persona trabajadora en el desarrollo de su actividad laboral.

A continuación, se analizarán los principales riesgos a los que se enfrentan las personas que trabajan en el sector de la construcción.

7.1. Riesgos ligados a las condiciones de seguridad

Los riesgos ligados a las condiciones de seguridad abarcan los distintos elementos que pueden generar un riesgo y que están relacionados con el puesto de trabajo.

Manipulación manual de cargas

Dentro de la manipulación manual de cargas se incluyen todas las operaciones de levantamiento, transporte o sujeción de una carga por parte de una o varias personas.

Este riesgo es la causa que mayor cantidad de incapacidades laborales temporales provoca, debido a que la manipulación manual de cargas, en una gran cantidad de ocasiones, no se realiza de forma correcta.

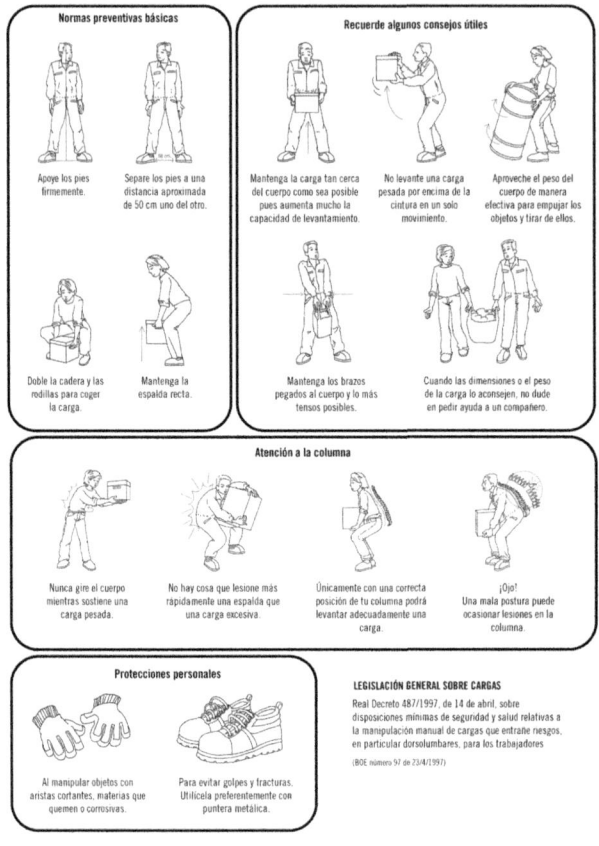

Procedimiento para la manipulación manual de cargas sin sufrir daños dorsolumbares

 Aplicación práctica

En la obra en la que se encuentra con sus dos compañeros les acaba de llegar un material, por lo que deben trasladarlo desde el punto en el que se ha descargado hasta el de trabajo. Usted decide que el compañero que presenta síntomas de fatiga no debe mover cargas. Por el contrario, su otro compañero, cuando va a mover las cargas, realiza el siguiente proceso:

Continúa en página siguiente >>

<< Viene de página anterior

1. Junta los pies antes de coger las cajas del material.
2. Para sujetar las cajas utiliza los dedos y las palmas de las manos.
3. Realiza el movimiento de izado con la espalda recta y usando la fuerza de los pies.
4. Transporta las cajas estirando sus brazos lo máximo que puede, porque no quiere que las cajas le rocen la ropa de trabajo, puesto que presentan suciedad.

¿Qué etapas de ese proceso son incorrectas?

SOLUCIÓN

La primera etapa es incorrecta, puesto que, antes de coger las cargas, se deben separar los pies en lugar de juntarlos.

La cuarta etapa también es incorrecta, puesto que las cargas hay que transportarlas pegadas lo máximo posible al cuerpo.

Manipulación mecánica de cargas

En muchas de las empresas industriales, para el movimiento de cargas pesadas o voluminosas se utilizan equipos mecánicos, que deben utilizarse de forma responsable si no se quiere sufrir daños o provocárselos a la carga transportada. Entre los medios de transporte más habituales se utilizan las carretillas elevadoras, las grúas y las transpaletas.

Entre los riesgos más habituales que se producen en la manipulación mecánica de cargas se encuentran los golpes con la propia carga o las zonas de paso, los atrapamientos o aplastamientos de las extremidades, las caídas del personal al mismo nivel, las caídas de la carga, etc.

Como medida de prevención se debe establecer la prohibición de manipulación de este tipo de medios por parte de las personas trabajadoras que desconozcan el funcionamiento de estos equipos.

Riesgo eléctrico

La electricidad es un elemento que se usa en muchos ámbitos de la vida personal, por lo que casi siempre se obvia la peligrosidad que tiene sobre las personas y los elementos en los que se utiliza.

El riesgo eléctrico, atendiendo al tipo de contacto eléctrico que se produce con la persona trabajadora, se puede clasificar en:

- **Contacto directo:** la persona toca o entra en contacto con partes que están en tensión.
- **Contacto indirecto:** la persona toca o entra en contacto con partes metálicas o conductoras, puestas en tensión de forma accidental por un fallo de aislamiento.

Riesgos en máquinas

Las máquinas dentro del sector de la construcción son elementos habituales que se encuentran en todos los centros de trabajo. Los accidentes de trabajo que se asocian a estas son debidos a los fallos, averías o mal funcionamiento, aunque no hay que olvidar que también son debidos a la eliminación de las protecciones para aumentar el rendimiento o por mejorar una supuesta comodidad en la realización de los trabajos.

 Importante

Todos los equipos y maquinaria que intervengan en una obra deben incorporar el marcado CE, que garantiza el cumplimiento de los requisitos de seguridad establecidos por la Unión Europea.

El elemento más importante de un equipo de trabajo o máquina que se incorpora a una obra es el manual de utilización y mantenimiento, en el que se recogen los trabajos de mantenimiento y reparación que se lleven a cabo sobre ese equipo.

Actividades

5. Seleccione una máquina que utilice habitualmente y analice los riesgos que presenta.
6. Realice un listado de las medidas de protección que establecería una vez analizados los riesgos de la máquina de la actividad anterior.

Riesgo de incendio

Para que se produzca un incendio es necesario que esté presente el tetraedro del fuego, mediante el que se relacionan los cuatro elementos que intervienen en un incendio:

- **Combustible**: es cualquier materia sólida, líquida o gaseosa capaz de arder.
- **Comburente:** es la sustancia que provoca la combustión (el más usual es el oxígeno, que está presente en el aire).
- **Calor:** es la energía mínima de calor necesaria para que se produzca el fuego.
- **Reacción en cadena:** es el proceso que provoca la aparición y propagación del fuego.

Para saber más

En el siguiente enlace puede acceder al documento técnico publicado por el Instituto Nacional de Seguridad y Salud en el Trabajo (INSST) referido a las medidas de prevención y protección contra incendios.

https://redirectoronline.com/uf05310102

 Actividades

7. Realice un cuadro en el que se recojan los distintos tipos de fuego y los medios más adecuados para extinguirlos.

7.2. Riesgos ligados al medioambiente de trabajo

Los agentes contaminantes son las sustancias o seres vivos presentes en el entorno de trabajo que pueden afectar a la salud de las personas trabajadoras si entran en contacto con ellos.

Agentes físicos

Los agentes físicos se definen como las distintas formas de energía que poseen la capacidad de causar daños en la salud de las personas trabajadoras durante la realización de los trabajos. Los agentes físicos tienen la característica de que siempre están presentes en el entorno en mayor o menor medida, por lo que deben controlarse para evitar que superen un valor de referencia que pueda ser perjudicial para las personas trabajadoras que se encuentran en dicho entorno.

Dentro de los agentes físicos más habituales, se encuentran el ruido, las vibraciones, las condiciones ambientales y las radiaciones, tanto ionizantes como no ionizantes.

 Sabía que...

El nivel de ruido máximo al que una persona puede estar expuesta en cualquier trabajo está fijado en 87 dB, pudiendo alcanzar picos de 140 dB. Todos los valores que se encuentren por encima de este máximo incumplen la normativa vigente.

Agentes químicos

Los agentes químicos son sustancias contaminantes que pueden ser absorbidas por el organismo y con el paso del tiempo producir en él efectos dañinos para la salud.

Los agentes químicos, atendiendo a los efectos que causan sobre el cuerpo humano, se pueden clasificar en:

- **Corrosivos:** destruyen los tejidos sobre los que actúa la sustancia tóxica.
- **Irritantes:** irritan la piel o las mucosas que han estado en contacto con la sustancia tóxica.
- **Neumoconióticos:** son sustancias que afectan a los pulmones, debido que se adquieren a ellos las partículas sólidas de la sustancia tóxica.
- **Anestésicos y narcóticos:** provocan una depresión del sistema nervioso central. Generalmente desaparece una vez que el contaminante ha desaparecido.

- **Sensibilizantes:** es el efecto provocado por el contaminante ante la presencia del tóxico. Un ejemplo de sensibilizante es la dermatitis, que aparece al estar en contacto con ciertos alérgenos.
- **Cancerígenos, mutágenos y teratógenos:** generan la aparición de cánceres, modificaciones genéticas y hereditarias, así como malformaciones en el feto en el caso de las mujeres.
- **Sistémicos:** aquellos que provocan alteraciones en órganos o sistemas específicos.

Los agentes químicos penetran en el organismo a través de una o varias de las siguientes vías:

- **Vía respiratoria:** a través de la nariz, boca, pulmones, etc.
- **Vía dérmica:** a través de la piel.
- **Vía digestiva:** a través de la boca y accede al estómago, intestinos, etc.
- **Vía parenteral:** a través de heridas y llagas.

 Definición

Tiempo de exposición
Relación que existe entre la cantidad de tóxico presente en la atmósfera de trabajo y el tiempo durante el que la persona trabajadora está expuesta a él.

Agentes biológicos

Los agentes biológicos tienen como característica principal que se trata de seres vivos o productos derivados de estos que se encuentran en el ambiente de trabajo y que pueden provocar efectos negativos en la salud de las personas trabajadoras en forma de trastornos tóxicos, alérgicos, irritantes, etc., que pueden llegar a provocar enfermedades como por ejemplo la legionela, la salmonela y otras.

Atendiendo a la naturaleza de los microorganismos, se puede establecer la siguiente clasificación:

- **Virus:** forma de vida más simple que únicamente se pueden reproducir dentro de otro ser vivo (huésped), como por ejemplo la rabia.
- **Bacterias:** forma de vida más compleja que los virus que provocan enfermedades infecciosas, como por ejemplo el tétanos.
- **Protozoos:** animales unicelulares que pueden infectar a las personas.
- **Hongos:** microorganismos pertenecientes al reino *Fungi*. Pueden ser parásitos animales o vegetales.
- **Gusanos parásitos:** seres vivos que se pueden contemplar físicamente y que se desarrollan en el interior del cuerpo humano, como por ejemplo las solitarias.

7.3. La carga de trabajo y la fatiga

La revolución industrial que se ha producido en todos los sectores, incluido el de la construcción, ha provocado que se reduzca la carga física sobre las personas trabajadoras al incorporar equipos mecánicos, pero ha aumentado la carga mental de estas al imponerles mayores cantidades de trabajo que desarrollar.

La **carga mental** se define como el esfuerzo que se debe realizar para conseguir un resultado concreto, por lo que se deben tener en cuenta el tipo de tarea que se debe llevar a cabo y el ritmo de trabajo adecuado a ella para conseguir el objetivo final.

La **fatiga** se define como el desequilibrio que existe entre las exigencias de trabajo y las capacidades individuales. Se pueden establecer dos tipos: la física y la mental.

La fatiga produce una disminución en las capacidades de la persona trabajadora, lo que puede provocar la aparición de riesgos que afecten a su propia seguridad. Esto obliga al cuidado y respeto de los métodos y los tiempos de trabajo.

 **Actividades**

8. Realice una comparativa entre la fatiga y la carga mental en la que se recojan sus síntomas y las posibles soluciones.

7.4. Sistemas elementales de control de riesgos

Para controlar los riesgos se deben realizar evaluaciones de forma recurrente, para lo que es necesario contar con los procedimientos adecuados para su planificación y mejora, de forma que se puedan modificar en el caso de que se detecten errores o acciones que desprotegen a la persona trabajadora frente a los riesgos a los que está expuesta.

No hay que olvidar que el control de los riesgos debe cumplir las siguientes etapas:

- Combatir los riesgos en el origen.
- Adaptar el trabajo a la persona, para lo que se le deberá tener en cuenta en el diseño del puesto de trabajo, selección de los equipos de protección, etc.
- Incorporar la evolución de la técnica y los materiales al puesto de trabajo.
- Sustituir los elementos peligrosos por otros que entrañen menos o nulo peligro.
- Adoptar medidas de protección colectivas antes que individuales.
- Formar e informar a las personas trabajadoras en el uso del puesto de trabajo y de los equipos de protección.

7.5. Protección colectiva e individual

Se entiende por protección colectiva a la técnica de seguridad cuyo objetivo es la protección de varias personas trabajadoras expuestas a un riesgo determinado. Dentro del apartado h del artículo 15, "Principios de la acción preventiva", de la Ley de Prevención de Riesgos Laborales, se especifica que se deben adoptar aquellas medidas que antepongan la protección colectiva a la individual.

Algunas medidas de protección colectiva son:

- Barandillas, pasarelas y escaleras
- Andamios y redes anticaídas
- Sistemas de ventilación
- Barreras de protección acústicas
- Vallado perimetral de zonas de trabajo
- Marquesinas contra caída de objetos
- Extintores de incendios
- Carcasas de protección de motores o piezas en continuo movimiento
- Señalizaciones e indicativos

La protección personal es la medida de protección cuyo objetivo es proteger a las personas trabajadoras frente a los peligros que se puedan producir durante el desarrollo de su actividad laboral.

Es la última barrera que existe entre el riesgo y la persona trabajadora, por lo que se debe considerar como un método de protección complementario a la protección colectiva, puesto que se aplica cuando no se ha podido eliminar el riesgo con una medida de protección colectiva.

Sobre los equipos de protección individual:

- Han de ser de uso individual.
- Deben ajustarse a las características anatómicas del usuario.
- Cada persona trabajadora que reciba un equipo de protección individual debe recibir, por escrito, la formación e información sobre el uso del equipo que se le ha entregado.
- Tienen que mantenerse y conservarse adecuadamente, tanto por la persona trabajadora que los utiliza como por la empresa que se los entrega.

Aunque existen distintos equipos de protección individual, dependiendo de los trabajos que se tengan que llevar a cabo, los más utilizados son:

- **Equipos parciales:** protegen partes o zonas concretas del cuerpo.

  - Protección del cráneo: casco de seguridad.
  - Protección de la cara y los ojos: pantallas faciales y gafas.
  - Protección del aparato auditivo: orejeras, tapones y cascos integrales que protegen la cabeza y el oído.
  - Protección de las extremidades inferiores: calzado de seguridad, con puntera reforzada, plantillas de seguridad.
  - Protección de las extremidades superiores: guantes, manoplas, etc.
  - Protección de las vías respiratorias: mascarillas y máscaras.

- **Equipos integrales:** son los que ofrecen una seguridad sobre todo el cuerpo de la persona trabajadora, como la ropa de trabajo, las prendas de señalización o los cinturones anticaídas.

 Actividades

9. Realice un listado de equipos de protección individual que debiera suministrarle el empresario a una persona trabajadora que realiza trabajos de albañilería en viviendas.

8. Planes de emergencia y evacuación

Los planes de emergencia y evacuación son documentos esenciales en la prevención de riesgos laborales en los que se recoge la planificación que se debe seguir para tratar de reducir de forma efectiva las consecuencias de una situación de emergencia.

Los planes de emergencia y evacuación se caracterizan por contener información gráfica y escrita acerca de la utilización de los medios necesarios para hacer frente a esa emergencia.

No hay que olvidar que todas las empresas deben contar con un plan de emergencia y evacuación, en el que se preverán las situaciones de emergencia que se pueden presentar, por muy baja que sea la probabilidad de que sucedan, como inundaciones, fugas de gas, incendios y cualquier otra amenaza específica del sector.

Qué se hará   Quién lo hará   Cuándo se hará   Cómo se hará   Dónde se hará

En el plan de emergencia y evacuación se deben recoger distintos aspectos. Todos juntos establecen el comportamiento del personal ante una posible actuación.

De acuerdo con la gravedad de la emergencia, estas se pueden clasificar en:

- **Conato:** situación que puede ser controlada y solucionada de forma rápida y sencilla por el personal usando los medios de protección de la empresa.
- **Emergencia parcial:** situación que requiere la actuación de equipos especiales de la empresa para ser dominada y que no se prevé que afecte a otros sectores o edificios colindantes.
- **Emergencia general:** situación que requiere del uso de todos los equipos y medios propios de protección de la empresa, además de necesitar los medios de salvamento y socorro externos. Este tipo de emergencias suelen asociarse con evacuaciones totales o parciales de la zona de trabajo o empresa.

Los planes de emergencia y evacuación se rigen por la Ley 17/2015, de 9 de julio, del Sistema Nacional de Protección Civil, y por la Ley 31/1995, de 8 de noviembre, sobre Prevención de Riesgos Laborales, a las que hay que incorporarles otras legislaciones específicas del sector en el que se trabaje.

 **Importante**

Una de las piezas clave que trata de garantizar que cuando se produzca una emergencia no se ocasionen daños personales son los simulacros, que se deben llevar a cabo de forma regular. La información de este quedará registrada en el correspondiente plan de emergencia y evacuación.

9. El control de la salud de los trabajadores

El control de la salud de las personas trabajadoras consiste en la verificación de forma periódica y sistemática de su salud con el objetivo de detectar cambios en ella y poder establecer si se encuentra protegida adecuadamente en el lugar de trabajo. En el caso de que se identifique algún daño, tratarlo adecuadamente y atajar las causas que lo producen.

Mediante la especialidad de la vigilancia de la salud desarrollada habitualmente por los servicios de prevención ajenos se trata de:

- Detectar si una persona trabajadora está viendo mermada su salud y poder actuar a la mayor brevedad posible.
- Estudiar si las enfermedades de un colectivo de personas trabajadoras guardan relación con el trabajo que desarrollan.
- Comprobar si las medidas preventivas implantadas son adecuadas e impiden que las personas trabajadoras sufran daños en su salud.

Para controlar la salud de las personas trabajadoras se suelen desarrollar los reconocimientos médicos, que son de carácter voluntario para todas las personas trabajadoras excepto para aquellos en los que:

- Sea imprescindible llevarlo a cabo por existir una obligación legal de evaluación de los efectos de las condiciones de trabajo sobre la salud de las personas trabajadoras.

■ Se deba verificar que la salud de la persona trabajadora no sea un elemento de peligro tanto para la propia persona como para el resto de las personas que se encuentran en su entorno laboral.

■ Sea imprescindible por existir una obligación legal de hacerlo.

 Actividades

10. Investigue en qué casos el trabajador no se puede negar a que se le realice una vigilancia de su salud.

10. Elementos básicos de gestión de la prevención

Dentro de la gestión de la prevención, además de la propia empresa, la persona trabajadora y los sistemas de prevención y cuidado de la salud, intervienen otros elementos reguladores de la actividad como son las normativas y los organismos y entidades relacionadas con el cuidado de la salud y la seguridad en el trabajo de las personas trabajadoras.

10.1. Organismos públicos relacionados con la seguridad y salud en el trabajo

Los organismos públicos relacionados con la seguridad y la salud en el trabajo se pueden clasificar, atendiendo a su ámbito de influencia, en internacionales, nacionales, autonómicos, regionales y locales.

Entre los organismos públicos más representativos se encuentran:

■ **Organización Internacional del Trabajo (OIT):** organismo dependiente de la Organización de las Naciones Unidas en el que gobiernos, empresarios y personas trabajadoras tratan de mejorar las condiciones de trabajo a nivel mundial.

- **Unión Europea:** a través de distintos organismos trata de equiparar las condiciones de trabajo en todos sus estados miembro para asegurar la libre circulación de personas trabajadoras por los distintos territorios de la Unión. Algunos de estos organismos son:

  - El Comité Económico y Social.
  - La Agencia Europea para la Seguridad y la Salud en el Trabajo.
  - La Fundación Europea para la Mejora de las Condiciones de Vida y de Trabajo.
  - La Confederación Europea de Sindicatos.

- **Instituto Nacional de Seguridad y Salud en el Trabajo:** es el órgano científico técnico especializado en prevención de riesgos laborales (PRL) de la Administración General del Estado. Su misión es analizar, estudiar, promover y apoyar las condiciones de seguridad y salud que se deben desempeñar en el desempeño de la actividad laboral.

- **Organismo Estatal de Inspección de Trabajo y Seguridad Social:** más conocido como Inspección de Trabajo, es el encargado de vigilar y controlar que la normativa de referencia sobre seguridad y salud laboral se lleva a cabo de forma correcta, así como sancionar los incumplimientos de esta.

- **Comisión Nacional de Seguridad y Salud en el Trabajo** (**CNSST**): impulsa y colabora en el diseño de las campañas de ámbito nacional enfocadas en la sensibilización de la población en la prevención de riesgos laborales.

- **Instituto Nacional de Silicosis:** entidad de referencia a nivel estatal para la prevención de las enfermedades respiratorias de origen laboral.

- **Fundación Estatal para la Prevención de Riesgos Laborales:** entidad cuya finalidad es promover la mejora de las condiciones de seguridad y salud en las pequeñas empresas mediante la formación, información y asistencia a estas para el cumplimiento de la normativa de prevención.

 **Recuerde**

El organismo internacional que regula las relaciones laborales entre empresas y personas trabajadoras es la Organización Internacional del Trabajo (OIT).

10.2. Representación de los trabajadores

El capítulo V de la Ley de Prevención de Riesgos Laborales regula los diferentes aspectos relacionados con los derechos de consulta, participación y representación de las personas trabajadoras, para lo que incorpora la figura del **delegado de prevención** en su artículo 35.

En ese artículo, en el apartado primero, define a los **delegados de prevención** como los representantes de las personas trabajadoras con funciones específicas en los aspectos relacionados con la prevención de riesgos en el puesto de trabajo.

Los delegados de prevención deben ser designados por y entre las personas trabajadoras, de acuerdo con la siguiente escala:

De 50 a 100 trabajadores	2 delegados de prevención
De 101 a 500 trabajadores	3 delegados de prevención
De 501 a 1.000 trabajadores	4 delegados de prevención
De 1.001 a 2.000 trabajadores	5 delegados de prevención
De 2.001 a 3.000 trabajadores	6 delegados de prevención
De 3.001 a 4.000 trabajadores	7 delegados de prevención
De 4.001 en adelante	8 delegados de prevención

Dentro del mismo capítulo, en el artículo 38, se define el **comité de seguridad y salud** como el organismo encargado de representar a los trabajadores.

Este comité es el organismo paritario destinado a la consulta periódica de las actuaciones de la empresa en materia de prevención de riesgos. Deberá constituirse en todas las empresas o centros de trabajo en los que haya 50 o más personas trabajadoras.

 Importante

En aquellas empresas en las que no se alcance la cifra de 50 personas trabajadoras, las competencias atribuidas al comité de seguridad y salud serán desempeñadas por el delegado de prevención.

Aplicación práctica

En la empresa en la que trabaja se ha producido un aumento de la carga de trabajo, por lo que se han incorporado cinco personas, lo que suma un total de 12 personas en la empresa.

¿Es necesaria la existencia de un comité de seguridad y salud? ¿Y de un delegado de prevención?

SOLUCIÓN

Puesto que la empresa no supera los 49 trabajadores, no se hace necesaria la existencia de un comité de seguridad y salud ni de un delegado de prevención.

10.3. Derechos y obligaciones

Dentro del Estatuto de los Trabajadores (artículos 4 y 5) se establecen los derechos y obligaciones que tienen las personas trabajadoras en su puesto de trabajo, entre los que destacan:

■ **Derechos básicos del trabajador**

⦁ Derecho a la protección eficaz en el lugar de trabajo
⦁ Derecho al descanso
⦁ Derecho de la ocupación efectiva y adecuada
⦁ Derecho a no ser discriminados

■ **Obligaciones del trabajador**

⦁ Procedimiento sancionador
⦁ Vigilancia y el control
⦁ Principios de buena fe y diligencia

Además de los derechos y obligaciones establecidos en el Estatuto de los Trabajadores, la Ley 31/1995, de 8 de noviembre, de Prevención de Riesgos Laborales, insiste en su artículo 14 que los trabajadores tienen derecho a una protección eficaz en materia de seguridad y salud en el trabajo, además de recoger los derechos siguientes:

■ Derecho a disponer de equipos de protección individual.
■ Derecho de información, consulta y participación.
■ Derecho a recibir formación, teórica y práctica, en materia preventiva.
■ Derecho a la vigilancia periódica de su estado de salud.
■ Derecho de protección de trabajadores especialmente sensibles a determinados riesgos.
■ Derecho de protección de la maternidad.

En la misma Ley 31/1995 que recoge los derechos de las personas trabajadoras, más concretamente en el artículo 29, se establecen las obligaciones que adquieren las personas trabajadoras en materia preventiva, para lo que se determina en primer lugar la obligación de velar por su propia seguridad y salud y por la de las personas a las que les pueda afectar su actividad profesional. Entre las obligaciones que marca ese artículo se encuentran:

■ Usar adecuadamente las máquinas, aparatos, herramientas, sustancias peligrosas, equipos de transporte y, en general, cualesquiera otros medios con los que desarrollen su actividad.

- Utilizar correctamente los medios y equipos de protección facilitados por el empresario, de acuerdo con las instrucciones recibidas de este.
- No poner fuera de funcionamiento y utilizar correctamente los dispositivos de seguridad existentes en los medios relacionados con su actividad o en los lugares de trabajo en los que esta tenga lugar.
- Informar de inmediato a su superior jerárquico directo y al servicio de prevención sobre cualquier situación que, a su juicio, entrañe, por motivos razonables, un riesgo para la seguridad y salud de los trabajadores.
- Contribuir al cumplimiento de las obligaciones establecidas por la autoridad competente con el fin de proteger la seguridad y la salud de los trabajadores en el trabajo.
- Cooperar con el empresario para que este pueda garantizar unas condiciones de trabajo seguras.

 Recuerde

El incumplimiento de las obligaciones en materia de prevención de riesgos tendrá la consideración de incumplimiento laboral a los efectos previstos en el Estatuto de los Trabajadores o falta conforme a lo establecido en la normativa sobre régimen disciplinario de los funcionarios públicos o del personal al servicio de las Administraciones públicas.

11. Organización del trabajo preventivo. Rutinas básicas

Si la evaluación de riesgos llevada a cabo en el plan de prevención de riesgos laborales de la empresa pone de manifiesto la existencia de riesgos en algún puesto de trabajo, se deberá planificar la actividad preventiva con la finalidad de eliminar, reducir o controlar esos riesgos, atendiendo a su magnitud y al número de personas trabajadoras expuestas a él.

La planificación del trabajo debe analizar e incluir como mínimo:

- Los medios humanos y materiales necesarios.

- Los recursos económicos asignados para conseguir los objetivos propuestos.
- Las medidas de emergencia previstas en el caso de que se materialice un riesgo.
- Las medidas de emergencia.
- La vigilancia de la salud, incluyendo el periodo para el que se ha previsto y la manera en la que se va a llevar a cabo su seguimiento y control.
- La formación e información que van a recibir las personas trabajadoras en materia de prevención.
- La coordinación de todos los elementos que intervienen en la planificación del trabajo, indicando los responsables, las tareas que tienen que desempeñar y las responsabilidades.

 **Definición**

Aplicación preventiva
Actividad consistente en la formación de todas las personas que tengan responsabilidades en la empresa para conseguir que incorporen la acción preventiva en todas las tareas que lleven a cabo o que ordenen que se deban desarrollar a sus subordinados.

El capítulo III de la Ley de Prevención de Riesgos Laborales es el encargado de establecer los derechos y obligaciones de los trabajadores. En este apartado se regula la acción preventiva que debe instaurarse en una empresa, para lo cual se deben observar los siguientes artículos:

Artículo 14. Derecho a la protección frente a los riesgos laborales

Los trabajadores tienen derecho a una protección eficaz en materia de seguridad y salud en el trabajo, lo que obliga al empresario a proteger a los trabajadores frente a los posibles riesgos laborales a los que se enfrenten en el desempeño de sus tareas.

Los trabajadores tienen el derecho a una protección eficaz en materia de seguridad y salud en el trabajo, para lo que deben recibir la formación e información en materia preventiva, pudiendo paralizar la actividad en caso de riesgo grave e inminente, además de disponer del servicio de vigilancia de su estado de salud.

El empresario debe garantizar la seguridad y la salud de los trabajadores a su servicio en todos los aspectos relacionados con el trabajo, para lo que integrará la actividad preventiva en la empresa y adaptará las medidas necesarias para la protección de la seguridad y la salud de las personas trabajadoras.

El coste de las medidas relacionadas con la seguridad y la salud en el trabajo no debe recaer de ninguna manera sobre las personas trabajadoras.

Artículo 15. Principios de la acción preventiva

El empresario debe aplicar las medidas de prevención atendiendo a los siguientes principios:

- Evitar los riesgos.
- Evaluar los riesgos que no se puedan evitar.
- Combatir los riesgos en su origen.
- Adaptar el trabajo a la persona, en lo que respecta a la concepción de los puestos de trabajo, así como en la elección de los equipos y los métodos de trabajo y producción, con miras a atenuar el trabajo monótono y repetitivo, y a reducir los efectos de este en la salud.
- Tener en cuenta la evolución de la técnica.
- Sustituir lo peligroso por lo que entrañe poco o ningún peligro.
- Planificar la prevención integrando en la misma la técnica, la organización, las condiciones de trabajo, las relaciones sociales y la influencia de los factores ambientales en el desarrollo del trabajo.
- Adoptar medidas que antepongan la protección colectiva a la individual.
- Dar las debidas instrucciones a las personas trabajadoras.

El empresario tendrá en cuenta las capacidades profesionales en materia de seguridad y salud de las personas trabajadoras en el momento de encomendarles las tareas. Además, deberá adoptar las medidas necesarias para garantizar que únicamente las personas trabajadoras con la información suficiente y adecuada puedan acceder a las zonas de riesgo grave y específico.

Importante

Las medidas preventivas deben prever las distracciones o imprudencias no temerarias que pudiera cometer el trabajador.

Artículo 16. Plan de prevención de riesgos laborales, evaluación de los riesgos y planificación de la actividad preventiva

El plan de prevención de riesgos laborales debe incluir la estructura organizativa, las responsabilidades, las funciones, las prácticas, los procedimientos, los procesos y los recursos necesarios para realizar la acción preventiva de la empresa.

El empresario deberá realizar una evaluación inicial de los riesgos para la seguridad y salud de los trabajadores, teniendo en cuenta la naturaleza de la actividad y las características de los puestos de trabajo y de las personas trabajadoras que deban desempeñarlos. Se debe asegurar la efectiva ejecución de las actividades preventivas incluidas en la planificación, efectuando un seguimiento continuo de estas.

Si se ha producido un daño para la salud de los trabajadores o han aparecido indicios de que las medidas de prevención resultan insuficientes, el empresario llevará a cabo una investigación a fin de detectar las causas de estos hechos.

Artículo 17. Equipos de trabajo y medios de protección

El empresario adoptará las medidas necesarias para que los equipos de trabajo sean adecuados para el trabajo que realizar y que garanticen la seguridad y la salud de las personas trabajadoras cuando los utilicen.

Artículo 18. Información, consulta y participación de los trabajadores

El empresario debe adoptar las medidas necesarias para que todas las personas trabajadoras reciban información sobre los riesgos para su seguridad y su salud en el puesto de trabajo, así como las medidas y actividades de protección y prevención que se deben aplicar.

Los trabajadores tienen derecho a realizar propuestas dirigidas a mejorar los niveles de protección de la seguridad y la salud en la empresa.

Artículo 19. Formación de los trabajadores

El empresario debe garantizar que cada trabajador recibe una formación teórica y práctica, suficiente y adecuada, en materia preventiva, tanto en el momento de su contratación como cuando se produzcan cambios en las funciones que desempeñe o se introduzcan cambios en los equipos de trabajo.

Artículo 21. Riesgo grave e inminente

Si los trabajadores están o pueden estar expuestos a un riesgo grave e inminente con ocasión de su trabajo, el empresario estará obligado a informar a las personas trabajadoras afectadas de la existencia de tal riesgo y las medidas que deben adoptarse en materia de protección, en el caso de que estas consideren que se produce un riesgo grave e inminente. Puede interrumpir su actividad y llegar, si fuera necesario, a abandonar el puesto de trabajo.

Artículo 22. Vigilancia de la salud

El empresario debe garantizar a los trabajadores a su servicio la vigilancia periódica, si la persona trabajadora lo consiente, de su estado de salud de acuerdo con los riesgos a los que se encuentran expuestos.

Artículo 25. Protección de trabajadores especialmente sensibles a determinados riesgos

El empresario debe garantizar la protección de los trabajadores que por sus características personales sean especialmente sensibles a los riesgos derivados de la actividad laboral.

Se deben tener en cuenta los factores de riesgo que pueden tener una influencia negativa en la procreación de las personas trabajadoras por la exposición a agentes físicos, químicos y biológicos que puedan ejercer efectos mutagénicos o de toxicidad para la procreación, tanto en los aspectos de la fertilidad como del desarrollo de la descendencia, con objeto de adoptar las medidas preventivas necesarias.

12. Documentación

El plan de prevención es un documento vivo en el que se recogen y se modifican los elementos y los factores de riesgo conforme van apareciendo o se van incorporando nuevos puestos de trabajo, y que tratan de analizar los posibles riesgos que se pueden producir en el día a día de la empresa.

Habitualmente la documentación referida al plan de prevención de riesgos la desarrollan los servicios de prevención ajenos a la empresa, aunque la propia Ley de Prevención de Riesgos Laborales permite a los empresarios que así lo deseen disponer de su propio servicio de prevención, siempre que cumplan las obligaciones en materia de medios materiales y personales indicadas por la normativa vigente.

Dentro de la Ley de Prevención de Riesgos Laborales, el artículo que regula la documentación relativa a las obligaciones empresariales en relación con la prevención de riesgos es el **artículo 23,** "Documentación".

12.1. Recogida

Habitualmente la documentación que se encuentra en una empresa o centro de trabajo puede ser de diferentes ámbitos:

- **Manual de prevención:** en el que se recoge la política y el sistema de gestión de la prevención de riesgos en la empresa. En él se define la organización preventiva y las funciones y actividades que se llevan a cabo.
- **Procedimientos:** describen las actividades preventivas que se llevan a cabo, estableciendo el objetivo y el alcance de estas, así como las personas responsables y la documentación necesaria para que queden registradas las actividades llevadas a cabo. Las actividades preventivas se deben establecer:

  - Cuando lo exija directa o indirectamente la normativa, para que esta documentación pueda ser facilitada a terceras partes.
  - Cuando sea imprescindible para el control y el desarrollo de la actividad empresarial desarrollada.

- **Instrucciones de trabajo y normas de seguridad:** especifican el procedimiento que se debe seguir para desarrollar un trabajo si este entraña algún riesgo significativo.
- **Registros:** documentos que recogen los resultados de las actividades preventivas que se han llevado a cabo.

 Importante

El manual de prevención y los procedimientos de las actividades preventivas deben estar a disposición de las personas trabajadoras.

Actividades

11. Realice un esquema en el que se relacionen los documentos exigidos en el artículo 23.1 de la LPR con los que se pueden encontrar en una empresa habitualmente.

12.2. Elaboración

Cuando se despliega un manual de prevención o un procedimiento se establecen los responsables de generarlo, revisarlo y certificar que es acorde con lo establecido en la normativa vigente, para lo que se definen tres perfiles distintos:

- **Elaborado:** se define el nombre de las personas o departamento que han procedido a elaborar el manual o procedimiento.
- **Revisado:** se define el nombre de las personas o departamento que han revisado el manual o procedimiento y certifican que cumple la normativa vigente.
- **Aprobado:** se define el nombre de la persona responsable de que dicho manual o procedimiento se implante en los departamentos o trabajos que lleve a cabo la empresa.

Elaborado por: Servicio de Prevención de Riesgos Laborales (SEPRUS).	Revisado/Aprobado por: Director del SEPRUS
Fecha: Noviembre de 2025	Fecha: 7 de diciembre de 2025 Fdo.: Agustín Luque Fernández
Aprobado por Vicerrectora de Servicios Sociales y Comunitarios Fecha: 7 de diciembre de 2025 Fdo.: Ana López Jiménez	Consultado por: Comité de Seguridad y Salud. Fecha: 19 de diciembre del 2025

Tabla de documentación del manual de prevención de riesgos laborales de la Universidad de Sevilla en la que se recogen los responsables de su elaboración, revisión y aprobación.

12.3. Archivo

Toda la documentación debe ser almacenada correctamente, para lo que se podrá establecer un sistema de gestión del archivo de la documentación acorde con el sistema general de la empresa o definir uno propio para el manual y los procedimientos relacionados con la prevención de riesgos.

Al ser los procedimientos documentos cambiantes de forma regular, es habitual recoger toda esta información de manera digital, para facilitar a los trabajadores el acceso o bien mediante carpetas en las que se sustituyen los documentos según se modifican, incluyendo en estas únicamente aquellos que se encuentran vigentes.

CÓDIGO	REVISIÓN	FECHA	LISTA DE DOCUMENTOS	Revisión: Fecha: Hoja:
			TÍTULO	
P63	3	08/10/24	Montajes de electrificación	
P64	1	08/10/24	Instalación de alumbrado exterior	
P65	1	08/10/24	Instalaciones en obras de edificación	
P67	1	08/10/24	Instalación de cableado estructurado	
P67I01	2	08/10/24	Ensayos finales de cableado estructurado	
P68	0	31/01/23	Pruebas y puesta en marcha de protecciones y bastidores	
P69	0	31/01/23	Automatización y control	
P70	1	08/10/24	Aliviaderos y bombeos en colectores	
P71	0	14/05/25	Montaje de instrumentos y equipos	
P71I01	0	14/05/25	Pruebas hidrostáticas, neumáticas y de fugas	
P71I02	0	14/05/25	Calibración de instrumentos	
P71I03	0	14/05/25	Calibración de transmisores de presión	
P71I04	0	14/05/25	Calibración de transmisores de presión diferencial	
P71I05	0	14/05/25	Calibración de interruptores de presión	
P71I06	0	14/05/25	Calibración de termómetros de lectura directa	
P71I07	0	14/05/25	Calibración de interruptores de temperatura	
P71I08	0	14/05/25	Calibración de manómetros	
P71I09	0	14/05/25	Calibración de manómetros con contacto	
P71I10	0	14/05/25	Calibración de termómetros con contacto	
P71I11	0	14/05/25	Chequeo funcional de interruptores de nivel tipo flotador	
P71I12	0	14/05/25	Chequeo funcional de interruptores de nivel tipo capacitivos	
P71I13	0	14/05/25	Chequeo funcional de interruptores de nivel por conductividad	
P71I14	0	14/05/25	Reparación de final de carrera	
P71I15	0	14/05/25	Limpieza de equipos	
P71I16	0	14/05/25	Inspecciones de casetas de analizadores	
P81	5	23/01/21	Mantenimiento de alumbrado exterior	
P82	5	08/10/24	Mantenimiento de interiores	
P83	1	08/10/24	Mantenimiento de centros de transformación	
P84	4	08/10/24	Mantenimiento de conducciones de agua	
P86	0	31/01/23	Mantenimiento de subestaciones	
P87	0	31/01/23	Tala y poda de arbolado bajo líneas eléctricas	
P88	0	02/07/25	Redes de distribución MT-BT	

Se elimina:

Firma Jefe de Calidad y Medio Ambiente

Parte de un registro de procedimientos

13. Primeros auxilios; criterios básicos de actuación

La materialización de riesgo es lo que se conoce como accidente o incidente, dependiendo de si hay daños personales o no, por lo que, atendiendo a la gravedad de estos, se debe actuar de una u otra forma.

El tiempo de respuesta ante un accidente es fundamental, puesto que de eso puede depender la vida una persona, lo que convierte a los primeros auxilios en un aspecto fundamental en el que se recomienda que se forme a todas las personas trabajadoras de la empresa.

Cuando se esté ante un accidente se debe activar el sistema de emergencia, más conocido como PAS, que corresponde con las iniciales de las actuaciones que se deben llevar a cabo antes de atender al accidentado:

- **Proteger (P):** antes de actuar sobre el accidentado, hay que asegurarse de que tanto el socorrista como el accidentado se encuentran fuera de todo peligro.
- **Avisar (A):** siempre que sea posible se debe avisar a los servicios médicos y sanitarios de la producción del accidente, para activar el sistema de emergencia antes de socorrer a las personas accidentadas, lo que provocará que la ayuda médica se ponga en camino hacia el lugar del accidente.
- **Socorrer (S):** una vez que accidentado y socorrista se encuentran a salvo en una ubicación segura y movilizados los servicios médicos, es hora de efectuar la evaluación primaria (reconocer los signos vitales del accidentado), para lo cual se debe analizar la consciencia, la respiración y el pulso, para posteriormente proceder con la identificación de sus signos no vitales.

 Importante

En la evaluación primaria se deben analizar la consciencia, la respiración y el pulso, en este orden.

En caso de accidente se deberá seguir el siguiente método de actuación:

1. **Conservar la calma** en todo momento para tratar de lograr una intervención que permita aplicar los primeros auxilios adecuadamente.
2. Hacer una **evaluación inicial** de la situación para detectar otras posibles fuentes de riesgo que puedan existir y actuar sobre ellas para que no se desencadenen.
3. **Eliminar el riesgo** para evitar nuevos accidentes o personas accidentadas antes de comenzar a ayudar a las víctimas.
4. **Evaluar** a los afectados para priorizar la ayuda a las personas cuyo estado revista mayor gravedad. Se recomienda prestar la atención inmediata siguiendo el siguiente orden:

   a. Víctimas que sangran abundantemente.
   b. Víctimas que no presentan señales de vida (fallecimiento aparente).
   c. Víctimas con quemaduras graves.
   d. Víctimas con síntomas de fracturas.
   e. Víctimas con heridas leves.

5. **Pedir ayuda** lo más rápido posible, indicando el lugar donde se ha producido el accidente, el número y el estado aparente de las víctimas.
6. **No mover** a las víctimas sin comprobar su estado puesto, que se les puede causar otras lesiones además de las que ya tienen.
7. **Tranquilizar** a las víctimas.

 Importante

Nunca se deben suministrar líquidos ni analgésicos a las personas accidentadas.

13.1. Heridas

Una herida es una lesión que se produce en el cuerpo y que causa una ruptura o abertura en la piel u otros tejidos corporales. Aunque se pueden producir por múltiples causas, las más habituales son los golpes o los cortes. Dependiendo de su gravedad, será necesaria la asistencia por parte de un especialista sanitario.

El modo de actuación ante una herida es la siguiente:

1. Limpiar la zona afectada.
2. Lavar con agua abundante.
3. Limpiar con una gasa.
4. Desinfectar la herida con un antiséptico.
5. Cubrir la herida con una gasa estéril y fijarla con esparadrapo.
6. No utilizar algodón en contacto con la herida.

 Recuerde

En caso de que no se disponga de conocimientos en primeros auxilios o se dude de la forma correcta de administrarlos, no se deberán aplicar sobre la persona accidentada.

13.2. Hemorragias

Una hemorragia es la pérdida de sangre provocada por la ruptura de los vasos sanguíneos. Puede ser un simple sangrado, como el producido por una pequeña herida en la piel, o un sangrado abundante, en el que se puede llegar a perder la vida.

El procedimiento de actuación ante una hemorragia es el siguiente:

1. Taponar la herida.
2. Cubrirla con una gasa o apósito y comprimirla.
3. Si la herida continúa sangrando, poner otras gasas o vendas sobre la herida sin retirar las anteriores.
4. Si las gasas se empapan de sangre, se colocarán otras encima sin quitar las primeras.
5. Comprimir la arteria por encima de la herida si la hemorragia persiste o en su interior se encuentra algún cuerpo extraño.

13.3. Quemaduras

Una quemadura es una lesión en los tejidos del cuerpo, que puede ser causada por el calor, por sustancias químicas, por la electricidad, el sol o por distintos tipos de radiación, pudiendo llegar a provocar la hospitalización o incluso la muerte.

Las quemaduras se catalogan en tres niveles:

- De **primer grado:** afectan a la capa externa de la piel y suelen causar dolor, enrojecimiento e hinchazón.
- De **segundo grado:** afectan a la capa externa y a la capa subyacente de la piel y causan dolores, enrojecimiento, hinchazón y ampollas.
- De **tercer grado:** afectan las capas profundas de la piel y causan un adormecimiento de la piel, piel blanquecina, oscura o quemada.

 Importante

En el tratamiento de las quemaduras se debe tener en cuenta la pérdida de líquidos que llevan asociadas.

Primer grado	Segundo grado	Tercer grado

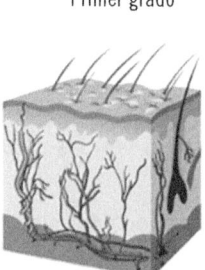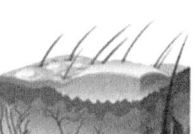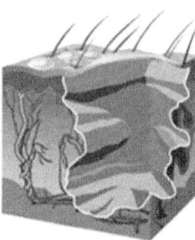

Imagen en la que se recoge la clasificación de las quemaduras atendiendo a su profundidad

 Aplicación práctica

Mientras que su compañero estaba trabajando, y debido a que no quiere usar los guantes de protección puesto que según él le molestan, se ha cortado con una esquina de un azulejo.

¿Qué proceso debiera seguir para aplicarle las técnicas de primeros auxilios necesarias?

SOLUCIÓN

1. Limpiar la zona afectada.
2. Lavar con agua abundante.
3. Limpiar con una gasa.
4. Desinfectar la herida con un antiséptico.
5. Cubrir la herida con una gasa estéril y fijarla con esparadrapo.
6. No utilizar algodón en contacto con la herida.

13.4. Respiración

El órgano más delicado que tienen las personas es el cerebro. La falta de oxígeno al cerebro durante mucho tiempo puede ocasionar lesiones irreversibles. Se estima que, si entre 8 y 10 min el cerebro no recibe oxígeno, se produce la muerte.

Si la persona accidentada está inconsciente pueden existir dos posibilidades: que respire o que no respire. En el caso de que respire, el corazón sigue latiendo y se debe seguir con la evaluación secundaria de los daños.

Si no respira, se debe colocar al accidentado en posición de decúbito supino (estirado mirando hacia arriba), respetando la alineación del eje cervical. Tras la exploración de su boca para comprobar la inexistencia de cuerpos extraños (dientes desprendidos, chicles, etc.), se deben abrir las vías aéreas, mediante una hiperextensión del cuello, mediante la maniobra de fronto-mentón, evitando que la lengua obstruya la vía de entrada de aire. En muchas ocasiones, con esta maniobra el accidentado vuelve a respirar.

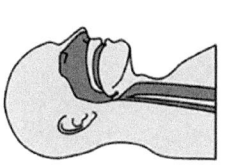 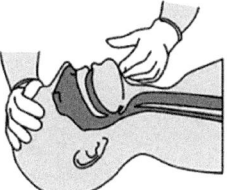 

La lengua y la epiglotis causan la obstrucción

Inclinación de la cabeza con elevación de la mandíbula

Traccionar la mandíbula sin inclinación de la cabeza

Procedimiento de apertura de las vías aéreas

Si todavía la persona accidentada no respira, es el momento de comenzar con el masaje cardiaco y la respiración boca a boca. Para realizarla se deben seguir los siguientes pasos:

1. El rescatador deberá situarse arrodillado en un lateral de la víctima, a la altura de los hombros.
2. Se debe colocar el talón de la mano sobre el tercio inferior del esternón de la víctima (dos dedos por encima de la punta inferior de este).
3. Sin doblar los codos, se debe cargar verticalmente el peso del cuerpo del socorrista sobre los brazos hasta conseguir comprimir el pecho de la víctima 5 centímetros.
4. Se debe dejar de presionar para permitir la descompresión natural del torso. Esto hará mover el corazón, desplazando el flujo sanguíneo, a la vez que hace una leve ventilación pulmonar.

5. El ritmo de compresiones/ventilaciones será de unas 100 compresiones por minuto, manteniendo una secuencia de 30 compresiones y 2 ventilaciones (en los niños la secuencia es de 15 compresiones por cada dos ventilaciones).

Importante

No se debe finalizar la RCP hasta la llegada de los servicios médicos o hasta que la víctima recupere las funciones cardíaca y respiratoria.

Cómo se realiza un masaje cardíaco

Se trata de compresiones rítmicas en el tórax que hacen que la sangre fluya hacia los órganos vitales

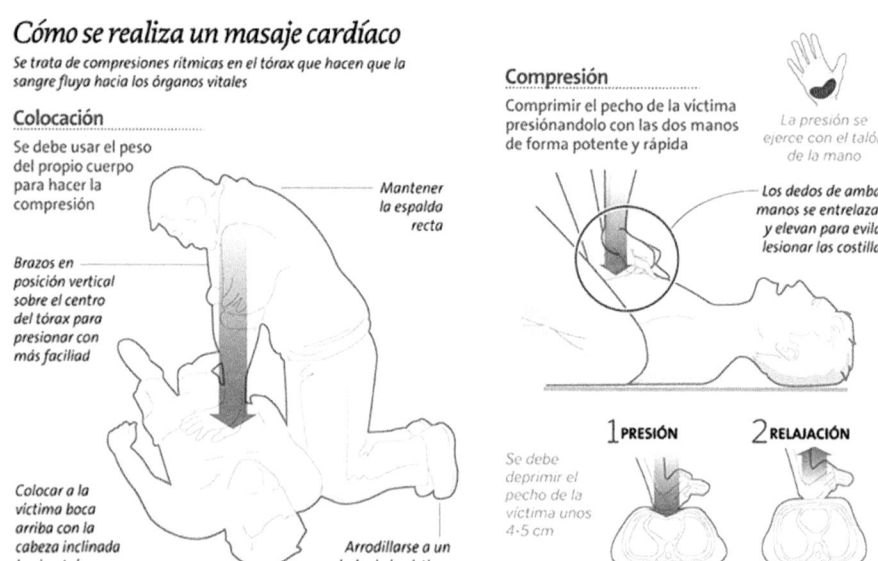

Colocación

Se debe usar el peso del propio cuerpo para hacer la compresión

Mantener la espalda recta

Brazos en posición vertical sobre el centro del tórax para presionar con más facilidad

Colocar a la víctima boca arriba con la cabeza inclinada hacia atrás

Arrodillarse a un lado de la víctima

Compresión

Comprimir el pecho de la víctima presiónandolo con las dos manos de forma potente y rápida

La presión se ejerce con el talón de la mano

Los dedos de ambas manos se entrelazan y elevan para evilar lesionar las costillas

1 PRESIÓN   2 RELAJACIÓN

Se debe deprimir el pecho de la víctima unos 4-5 cm

Protocolo de realización de un masaje cardíaco

Para saber más

En el siguiente enlace puede acceder a una simulación acerca del protocolo de actuación ante una parada cardiorrespiratoria en un adulto.

https://redirectoronline.com/uf05310103

 Actividades

12. Investigue acerca de la obligatoriedad de disponer de un botiquín de primeros auxilios en el puesto de trabajo.
13. Realice un listado de materiales que debe contener un botiquín de primeros auxilios en el puesto de trabajo.

14. Resumen

Aunque los términos *salud* y *trabajo* no son equivalentes, van muy unidos, puesto que se necesita salud para trabajar y, si esta no se encuentra en buenas condiciones, es imposible realizar el trabajo.

La salud está conformada por elementos internos y externos, entre los que se encuentran la salud física, la salud mental, la salud social, la salud espiritual o la salud emocional, entre otras.

Los factores de riesgo que habitualmente tienen asociadas algunas enfermedades son los elementos o condiciones que pueden aumentar las probabilidades de que una persona trabajadora sufra una lesión o una enfermedad.

Los daños derivados del trabajo (accidentes y enfermedades profesionales) son los que deben a las enfermedades, patologías o lesiones que una persona trabajadora puede sufrir en su jornada laboral.

Los accidentes de trabajo, atendiendo a su gravedad, se clasifican en mortales, muy graves, graves, leves y sin bajas.

Sobre una persona trabajadora influyen otros elementos, físicos o psicológicos, que repercuten en la manera en la que va a llevar a cabo el trabajo, como la fatiga, la insatisfacción laboral o la disminución de la capacidad.

La prevención se refiere a la manera en la que se trata de evitar que se produzca un accidente, mientras que la protección trata de reducir las consecuencias del accidente una vez que se ha producido.

La Ley 31/1995, de 8 de noviembre, de Prevención de Riesgos Laborales es la normativa que regula los riesgos laborales, aunque desde el año 1978 la Constitución española, en su artículo 40.2, encomienda a los poderes públicos velar por la seguridad e higiene en el trabajo.

Los planes de prevención deben identificar los riesgos de todos los puestos de trabajo de la empresa, para lo que se debe realizar un inventario de estos y de las situaciones que se le puedan presentar a la persona trabajadora en el desarrollo de su actividad laboral.

Los planes de emergencia y evacuación son los documentos en los que se recoge la planificación que se debe seguir para reducir de forma efectiva las consecuencias de una situación de emergencia.

En el capítulo III de la Ley de Prevención de Riesgos Laborales se establecen los derechos y obligaciones de los trabajadores. Regulan la acción preventiva que debe instaurarse en una empresa.

Ejercicios de repaso y autoevaluación

1. Indique si las siguientes afirmaciones son verdaderas o falsas:

   a. La prevención de riesgos busca el fomento de una cultura de seguridad en el trabajo.

   ☐ Falso
   ☐ Verdadero

   b. Los términos *salud* y *trabajo* son equivalentes.

   ☐ Falso
   ☐ Verdadero

   c. Los trabajadores no tienen obligaciones en lo que se refiere a la prevención de riesgos.

   ☐ Falso
   ☐ Verdadero

2. Enumera los distintos componentes que intervienen en la salud de las personas.

   _____

   _____

3. Los factores de riesgo...

   a. ... pueden aumentar las probabilidades de que una persona sufra una lesión o enfermedad en el trabajo.
   b. ... pueden reducir las probabilidades de que una persona sufra una lesión o enfermedad en el trabajo.
   c. ... habitualmente llevan asociadas unas enfermedades.
   d. Las opciones a y c son correctas.

4. Defina el concepto *prevención.*

_____
_____
_____
_____

5. Enumere las medidas de protección más habituales en una obra.

_____
_____
_____
_____

6. La especialidad que se centra en la adecuación del puesto de trabajo es...

    a. ... la medicina del trabajo.
    b. ... la ergonomía.
    c. ... la vigilancia de la salud.
    d. ... la higiene industrial.

7. Cuando la persona toca o entra en contacto con partes que están en tensión se denomina contacto...

    a. ... indirecto.
    b. ... voluntario.
    c. ... directo.
    d. ... especial.

8. ¿Qué elementos se encuentran obligatoriamente en un incendio?

    a. El combustible
    b. El calor
    c. El comburente
    d. Todas las opciones son correctas.

9. Defina el concepto *tiempo de exposición*.

_____

_____

_____

_____

10. Indique cuál de las siguientes opciones NO corresponde con un sistema de protección colectiva.

    a. Barandillas, pasarelas y escaleras.

    b. Sistemas de ventilación.

    c. Sistemas de refrigeración.

    d. Marquesinas y redes.

Capítulo 2
Seguridad en la construcción

Contenido

1. Introducción

Trabajar en el sector de la construcción, al igual que en otros sectores, implica reconocer la existencia de distintos riesgos, que en algunos casos pueden ser mortales. Por este motivo, la prevención de riesgos se vuelve un elemento fundamental para la protección de la salud y la integridad de todas las personas que trabajan en las obras.

Para ello se implantan distintas medidas, para tratar que la obra se ejecute sin provocar daños ni lesiones a las personas trabajadoras, minimizando los riesgos y asegurando que las acciones que se llevan a cabo se hagan de forma eficiente y segura.

La implantación de las medidas de seguridad puede verse inicialmente como un aumento del coste de la obra, pero se optimiza la productividad gracias a la ausencia de accidentes y daños. No se debe olvidar que, además de los riesgos propios de las obras de construcción, las personas trabajadoras están expuestas a otra serie de riesgos ambientales, como el frío o el calor, las vibraciones, los ruidos o, en menos ocasiones, a los riesgos químicos, biológicos y psicológicos.

2. Marco normativo básico de la seguridad en construcción

En una obra la premisa fundamental que se debe seguir es el cumplimiento escrupuloso de las normas de seguridad para evitar que las personas trabajadoras sufran un daño.

La Ley de Prevención de Riesgos Laborales (PRL) en su artículo 6 establece las normas reglamentarias que se deben regular. Entre ellas destacan:

- Los **requisitos mínimos** que deben reunir las condiciones de trabajo en los aspectos referidos a la seguridad y a la salud de las personas trabajadoras.
- Las **limitaciones o prohibiciones** que afectan a las operaciones, los procesos y las exposiciones laborales a los agentes que entrañen riesgos para la seguridad y la salud de las personas trabajadoras.

■ Las **condiciones de trabajo o medidas preventivas** específicas en los trabajos especialmente peligrosos, si para los mismos están previstos controles médicos especiales, o cuando se presenten riesgos debidos a las características o situaciones especiales de las personas trabajadoras.

2.1. Real Decreto 1627/1997

La Unión Europea ha regulado mediante sus directivas los criterios de seguridad y salud en los puestos de trabajo, así como las acciones preventivas que desarrollar en determinados lugares de trabajo. Mediante la Directiva 92/57/CEE, de 24 de junio, se establecieron las disposiciones mínimas de seguridad y salud que deben aplicarse en las obras de construcción temporales o móviles. Esta directiva se ha transpuesto al derecho español a través del Real Decreto 1627/1997, de 24 de octubre, por el que se establecen las disposiciones mínimas de seguridad y salud en las obras de construcción. Este real decreto presenta las siguientes particularidades:

■ Contempla que en las obras de construcción intervienen personas que no es habitual encontrarlas en otros trabajos, como son el promotor, el proyectista, el contratista, el subcontratista y los trabajadores autónomos, muy habituales en las obras. Además, introduce las figuras del coordinador en materia de seguridad y salud (en la elaboración del proyecto) y del coordinador en materia de seguridad y salud (en la ejecución).

■ Contempla en su ámbito de aplicación que debe aplicarse a cualquier obra, pública o privada, en la que se realicen trabajos de construcción o ingeniería civil.

■ Establece mecanismos específicos para la aplicación de la Ley 31/1995 de Prevención de Riesgos Laborales y del Reglamento de los Servicios de Prevención (Real Decreto 39/1997, de 17 de enero) en el sector correspondiente a las obras de construcción.

3. Responsables de seguridad en las obras y funciones: promotor, coordinador en materia de seguridad y salud durante la ejecución de la obra, dirección facultativa, contratista, subcontratista y trabajador autónomo

En una obra de construcción se pueden encontrar distintos perfiles profesionales, que, de acuerdo con su cargo, tendrán asociadas unas responsabilidades dentro del ámbito de la prevención y la protección de la salud de las personas trabajadoras.

3.1. El promotor

Se define como cualquier persona física o jurídica que, de forma pública o privada, decide, impulsa, programa y financia las obras de edificación para su propio disfrute o para la venta o enajenación a terceros.

El promotor, como líder del proyecto, es el responsable de la prevención, puesto que debe tener en cuenta los riesgos y el nivel de estos que el constructor va a encontrarse mientras lleva a cabo la obra.

Es habitual que el promotor subcontrate a una empresa para que gestione la prevención de riesgos, aunque debe tenerse en cuenta que esta acción no le exime de las posibles responsabilidades que se deriven en caso de que no se garantice el cumplimiento de las funciones de coordinación.

Entre sus obligaciones se encuentran:

- Ser titular del terreno sobre el que se va a construir.
- Facilitar la información y la documentación necesaria para que se lleve a cabo el proyecto, así como autorizar las posteriores modificaciones que se deban hacer en él.
- Gestionar y conseguir las licencias y autorizaciones administrativas necesarias para comenzar la construcción.
- Suscribir el acta de recepción de la obra.
- Suscribir los seguros indicados en la Ley 38/1999, de 5 de noviembre, de Ordenación de la Edificación.

- Entregarle a la persona compradora la documentación exigible por las administraciones competentes o cualesquiera documentos que certifiquen la ejecución de la obra.
- Nombrar a los coordinadores de seguridad y salud en las fases de proyecto y ejecución de la obra.

3.2. Coordinador en materia de seguridad y salud durante la ejecución de la obra

El promotor se debe apoyar, tanto durante la realización del proyecto como en la ejecución de la obra, en el coordinador en materia de seguridad y salud. Este profesional es el encargado de planificar, coordinar y supervisar las medidas necesarias para garantizar la seguridad y la salud de las personas trabajadoras que intervienen en un proyecto de construcción.

Su objetivo principal es prevenir los accidentes y enfermedades profesionales, así como asegurar el cumplimiento de la normativa de seguridad y salud durante todo el tiempo que dure la obra.

 Importante

La figura del coordinador en materia de seguridad y salud es obligatoria siempre que sea una obra de construcción, pública o privada, independientemente del tamaño y duración de la obra.

Entre las **funciones básicas** de un coordinador en materia de seguridad y salud se encuentran:

- Elaborar el estudio de seguridad y salud o el estudio básico de seguridad y salud.
- Coordinar a los proyectistas que intervengan en la obra.

- Aprobar el plan de seguridad y salud desarrollado por el contratista.
- Organizar la coordinación de las actividades empresariales de las diferentes contratas que intervengan en la obra.
- Establecer las condiciones y requerimientos que permitan el acceso a la obra de las personas autorizadas.
- Coordinar la aplicación correcta de los métodos de trabajo de las distintas contratas que intervengan en la obra.
- Mantener actualizado el libro de incidencias de la obra.
- Notificar las inscripciones en el libro de incidencias a los organismos y estamentos correspondientes.
- Informar al contratista de los incumplimientos de las medidas de seguridad y salud que se produzcan en la obra.

El libro de incidencias

En el artículo 13.1 del Real Decreto 1627/1997, de 24 de octubre, por el que se establecen disposiciones mínimas de seguridad y de salud en las obras de construcción, se recoge lo siguiente: *En cada centro de trabajo existirá con fines de control y seguimiento del plan de seguridad y salud un libro de incidencias que constará de hojas por duplicado, habilitado al efecto.*

El libro de incidencias tiene como objetivo el **control y seguimiento** del cumplimiento de la normativa de prevención dentro de la obra, para lo cual se establece lo siguiente: *En el caso de que la anotación se refiera a cualquier incumplimiento de las advertencias u observaciones previamente anotadas en ese libro por las personas facultadas para ello, deberá remitirse una copia a la Inspección de Trabajo y Seguridad Social en el plazo de 24 horas...*

Las anotaciones en el libro de incidencias pueden ser realizadas por:

- La dirección facultativa y el coordinador de seguridad y salud.
- Contratistas y subcontratistas.
- Trabajadores autónomos.
- Personas o entidades con responsabilidad en materia de prevención de cualquiera de las empresas que intervengan en la obra.
- Representantes de las personas trabajadoras.
- Técnicos de los órganos especializados de las Administraciones públicas.

Recuerde

El plazo de remisión a la ITSS es de 24 h, contadas desde que se produce la anotación hasta el acto de remisión.

Con respecto al libro de incidencias:

- Deberá estar en poder del coordinador de seguridad y salud o de la dirección facultativa.
- Se informará a todos los sujetos que participen en la obra sobre dónde está ubicado.
- Existe una obligación por la cual el coordinador o la dirección facultativa deben establecer el procedimiento que garantice el acceso al libro.
- Ha de establecerse un procedimiento que permita al coordinador o a la dirección facultativa conocer las anotaciones que se lleven a cabo para transmitirlas al organismo correspondiente, dentro de plazo.

En la primera hoja del libro de incidencias se recomienda que se recojan los siguientes aspectos:

- La identificación del plan de seguridad y salud de la obra, en el que se recoja la aprobación por el coordinador de seguridad y salud.
- Los procedimientos previstos para la gestión de los métodos de trabajo.
- El establecimiento de los recursos preventivos previstos por las contratas que intervienen en la obra.
- El listado de procedimientos de coordinación que se van a implantar.
- Los procedimientos previstos para la gestión del libro de incidencias.
- Los procedimientos de comunicación de las incidencias.

Obligatoriamente se deberá remitir una copia del libro de incidencias a la Inspección de Trabajo y Seguridad Social (ITSS) en estos casos:

- Si la anotación se refiere al incumplimiento de las advertencias u observaciones anotadas previamente en el libro.
- Si, debido al incumplimiento de las medidas de seguridad y salud, existe un riesgo grave e inminente, y se han paralizado los trabajos.

 Sabía que...

El coordinador de seguridad y salud tiene responsabilidad civil y penal.

Hoja interior del libro de incidencias en la que se reflejan las incidencias. Se desarrollan en material autocopiante para entregarle una copia a la persona infractora.

3.3. Dirección facultativa

Entre las obligaciones del promotor se encuentra la creación de la dirección facultativa de la obra, que se encarga de dirigir y controlar la ejecución de la obra.

Esta dirección facultativa se compone del director de la obra y del director de ejecución de la obra, que velarán por la correcta ejecución del proyecto.

3.4. Director de obra

Persona que dirige el desarrollo de la obra de acuerdo con el proyecto, para asegurarse de que el resultado final se adapta a los aspectos técnicos, estéticos, urbanísticos y medioambientales definidos en el proyecto.

Entre las obligaciones que tiene un director de obra se encuentran:

- **Comprobar el replanteo,** la **cimentación** y la **estructura** definidas en el proyecto, analizando si son adecuadas para las características del terreno.
- **Resolver las problemáticas y contingencias** que se produzcan durante el desarrollo de la obra.
- **Anotar en el libro de órdenes y asistencias** las instrucciones que se deben seguir para la ejecución de la obra acorde al proyecto.
- **Redactar y elaborar las modificaciones del proyecto,** debidas a la demanda del promotor o al transcurso de las obras, siempre que se adapten a las normativas y disposiciones legislativas vigentes.
- **Recoger, elaborar y suscribir la documentación de la obra ejecutada** para entregársela al promotor, con los visados correspondientes si fuesen necesarios, una vez finalizada la obra.
- **Suscribir las actas de replanteo e inicio de obra,** el certificado final de obra, las certificaciones parciales y la liquidación de la obra, con los visados correspondientes si fuesen necesarios.

3.5. Director de ejecución de la obra

Persona que forma parte de la dirección facultativa que se encarga de dirigir y controlar la ejecución de la obra y de los materiales que se utilizan.

Entre las obligaciones que tiene un director de ejecución de obra se encuentran:

- **Verificar la recepción en la obra de los suministros y materiales,** encargando las pruebas y ensayos que se deban llevar a cabo sobre ellos.
- **Dirigir la ejecución material de la obra,** comprobando los replanteos, los materiales, la correcta disposición de los elementos constructivos y las instalaciones, de acuerdo con el proyecto y las instrucciones establecidas por el director de obra.
- **Anotar en el libro de órdenes y asistencias** las instrucciones que se deben seguir para la ejecución de la obra acorde al proyecto.
- **Suscribir el acta de comienzo de obra** (acta de replanteo) y el **certificado final** de la obra, así como elaborar y controlar las **liquidaciones parciales y la liquidación final** de las unidades de obra que se ejecuten.
- **Colaborar** con el resto de los responsables de la obra, aportando los resultados de los controles realizados sobre el desarrollo de la obra y los materiales incorporados a ella.

Importante

Tanto el director de obra como el director de ejecución de obra deben poseer la titulación académica y profesional que les habilite, atendiendo a la actuación que desarrollar, y cumplir con las condiciones para el correcto ejercicio de la profesión. Cuando se trate de la construcción de edificios, las titulaciones académicas y profesionales habilitantes son arquitecto, arquitecto técnico, ingeniero o ingeniero técnico.

3.6. Contratista

Es la persona física o jurídica que contrata con el promotor la realización de toda o parte de la obra, para lo cual hará uso de los medios humanos y materiales necesarios, que pueden ser propios o ajenos, con respecto a los requerimientos establecidos en el proyecto inicial.

Entre las **obligaciones del contratista** se encuentran:

- Elaborar el plan de seguridad y salud para los trabajos contratados.
- Cumplir y velar por el cumplimiento del plan de seguridad y salud.
- Informar del inicio de la obra, atendiendo a la información contenida en el aviso previo.
- Designar los recursos preventivos encargados de velar por la seguridad y la salud de las personas trabajadoras.
- En el caso en el que se produzcan subcontrataciones, cumplir con las obligaciones definidas en la Ley de subcontratación.
- Cumplir las instrucciones de coordinación establecidas.
- Vigilar que se cumplen los requisitos de seguridad y salud contenidos en el anexo IV del R. D. 1627/1997.

3.7. Subcontratista

El subcontratista es la persona física o jurídica que acuerda con el contratista la realización de una parte de la obra acorde con las condiciones establecidas en el proyecto inicial.

 Importante

Un subcontratista puede subcontratar con otras empresas subcontratistas o con trabajadores autónomos la realización de parte de los trabajos dentro de los límites que establece la Ley 32/2006, de 18 de octubre, reguladora de la subcontratación en el sector de la construcción.

Son **obligaciones** del subcontratista:

- Cumplir y velar por el cumplimiento del plan de seguridad y salud.
- Cumplir con las obligaciones que le impone la Ley de Subcontratación.
- Cumplir con las instrucciones de coordinación establecidas.
- Cumplir y vigilar el cumplimiento de los requisitos de seguridad y salud contenidos en el anexo IV del R. D. 1627/1997.

3.8. Trabajador autónomo

Persona física que realiza una actividad profesional por cuenta propia y que desarrolla distintas actividades en la obra, que se recogen en un contrato mercantil suscrito con el promotor, contratista o subcontratista.

Los trabajadores autónomos están obligados a cumplir:

- El plan de seguridad y salud respecto a los trabajos que deben realizar.
- Los requisitos de seguridad establecidos en el anexo IV del RD 1627/1997.
- Las obligaciones preventivas señaladas en el art. 29 de la LPRL dirigidas a los trabajadores.
- Las instrucciones recibidas para ejecutar los trabajos y respetar las normas de coordinación establecidas.
- El límite de subcontrataciones.

 Sabía que...

Los trabajadores autónomos no pueden subcontratar, salvo en situaciones de fuerza mayor.

Actividades

1. Establezca las diferencias existentes entre un constructor y un promotor.
2. Investigue en la Ley 38/1999, de 5 de noviembre, de Ordenación de la Edificación, los distintos seguros que debe suscribir un promotor.
3. Realice un listado con las obligaciones que establece la Ley de Subcontratación con respecto a los subcontratistas.
4. Investigue acerca de los recursos preventivos, misión, obligaciones y responsabilidades.

 Aplicación práctica

Usted tiene una empresa con cinco empleados. Le acaba de contratar una constructora para que realice unos trabajos en la edificación en la que están trabajando. ¿Qué tipo de relación tendría usted con esa empresa? ¿Qué obligaciones tiene desde el punto de vista de la seguridad y la salud de los trabajadores?

SOLUCIÓN

El papel que asume con respecto a la empresa que le contrata es de subcontratista. Como tal tiene las siguientes obligaciones:

I Cumplir y velar por el cumplimiento del plan de seguridad y salud.
I Cumplir con las obligaciones que le impone la Ley de Subcontratación.
I Cumplir con las instrucciones de coordinación establecidas.
I Cumplir y vigilar el cumplimiento de los requisitos de seguridad y salud contenidos en el anexo IV del R. D. 1627/1997.

4. Organización e integración de la prevención en la empresa; los servicios de prevención

Dentro del ámbito de la prevención de riesgos se encuentra la obligatoriedad de integrar la prevención dentro del sistema de gestión empresarial, para aumentar la eficacia de la acción preventiva. Esta obligación es debida a que la prevención debe articularse como un elemento que tener en cuenta en el desempeño de las tareas que llevan a cabo las personas trabajadoras y que entrañan distintos riesgos que ponen en peligro su salud o seguridad.

El artículo 1 del Real Decreto 39/1997, de 17 de enero, por el que se aprueba el Reglamento de los Servicios de Prevención, aborda la integración preventiva en la empresa. Más concretamente establece:

- *La prevención de riesgos laborales debe integrarse en el sistema general de gestión de la empresa, comprendiendo a sus actividades como a todos los niveles jerárquicos, a través de la implantación y aplicación de un plan de prevención de riesgos laborales.*
- *La integración de la prevención en el conjunto de las actividades de la empresa implica que debe proyectarse en los procesos técnicos, en la organización del trabajo y en las condiciones en las que este se preste.*
- *Su integración en los niveles jerárquicos de la empresa implica la atribución a todos ellos, y la asunción por estos de la obligación de incluir la prevención de riesgos en cualquier actividad que realicen u ordenen y en todas las decisiones que adopten.*

Para la integración de la prevención en el ámbito empresarial, los empresarios pueden optar por asumir ese servicio de prevención (servicio de prevención propio o SPP) o bien contratar los servicios de un servicio de prevención ajeno (SPA).

Es importante que las empresas no se limiten a contratar los servicios de prevención, porque es una obligación legal, para lo cual únicamente se fijan en el coste del servicio, sin darse cuenta de que el servicio de prevención debe asesorar y guiar a la empresa en toda la política preventiva que necesite y no dedicarse exclusivamente a gestionar las acciones que se deban llevar a cabo.

Un servicio de prevención ajeno debe:

- **Analizar** la situación inicial de la empresa e **integrar** la prevención de riesgos laborales en el sistema de gestión, para lo cual es fundamental que disponga de información sobre las actividades de la empresa y establezca la planificación preventiva más adecuada atendiendo a las necesidades y objetivos empresariales.

- **Diseñar** y **ejecutar** el plan de prevención en el que se recojan las acciones que llevar a cabo, enfocadas en prevenir la materialización de los riesgos detectados en los puestos de trabajo.
- **Proponer,** si fuera necesario, la adaptación de los puestos de trabajo a las condiciones establecidas en la evaluación de riesgos, para garantizar la eficacia del plan de prevención de riesgos.
- **Formar** a las personas trabajadoras en el ámbito preventivo, de forma que, independientemente del puesto que ocupen, dispongan de la formación e información suficiente en materia de prevención que les permita analizar la importancia de la prevención y ayude a instaurar la cultura preventiva en la empresa.
- **Controlar y evaluar** las acciones preventivas implantadas para saber si estas medidas son eficientes y efectivas, con el fin de evaluar si se deben modificar o son suficientes.
- **Vigilar** la higiene industrial de la empresa, analizando la probabilidad de que se produzca una contaminación química, física o biológica en el puesto de trabajo, o cualquier otra que afecte directamente a la salud de las personas trabajadoras.
- **Implementar** una adecuada vigilancia de la salud de las personas trabajadoras con la periodicidad adecuada que permita detectar, antes de que aparezcan, posibles enfermedades profesionales.

La integración de la prevención de riesgos laborales en una empresa se debe enfocar en los aspectos tratados a continuación.

4.1. Dirección empresarial

Es fundamental que la dirección de la empresa asuma sus responsabilidades y se comprometa a la adopción de las medidas detalladas en el plan de prevención para conseguir la "integración del plan de prevención en cascada", de forma que participen en él todas las personas que integran la empresa, desde los superiores jerárquicos hasta la persona trabajadora de menor nivel de cualificación.

Entre las responsabilidades de la dirección de la empresa se encuentran:

- **Definir la política preventiva** de la empresa para que se informe de ella a las personas trabajadoras.
- **Determinar los objetivos preventivos** establecidos para cada departamento, responsable y persona trabajadora.
- **Establecer procedimientos de trabajo seguros,** mediante la participación y el diálogo con las personas involucradas en cada uno de los procesos que se llevan a cabo en la actividad empresarial.
- **Cumplir las obligaciones normativas** en materia de prevención, para lo que se puede apoyar en el servicio de prevención, propio o ajeno.
- **Unificar los sistemas de gestión** de la empresa para conseguir una mayor eficiencia productiva, para lo que se deben contemplar los sistemas de calidad, medioambiente y prevención para desarrollar los procedimientos de trabajo.

4.2. Procesos de gestión

La colaboración entre el servicio de prevención y los departamentos o áreas que conforman la empresa se vuelve fundamental para abordar los siguientes aspectos:

- **Procedimentar** el modo de actuar en el caso de que se produzca un accidente de trabajo.
- **Determinar** la manera en la que se va a llevar a cabo la formación e información del personal sobre los riesgos de la actividad a los que se enfrentan.
- **Establecer** la manera en la que los responsables de departamento informarán de los riesgos a las personas trabajadoras que se incorporen a él, atendiendo a las labores que desempeñen.
- **Definir** los equipos de protección individual que deben entregarse a cada trabajador de acuerdo con la actividad específica desarrollada.
- **Confeccionar y comunicar** los procedimientos de seguridad que se deben implantar atendiendo a los riesgos específicos de la empresa.

- **Actualizar** los procedimientos e informar a la empresa y a sus trabajadores sobre los cambios en materia de prevención que les afecten directa o indirectamente en el desempeño de la actividad laboral.
- **Establecer la información** que debe ser consultada por la empresa al servicio de prevención antes de que se establezcan o transmitan a las personas trabajadoras.

4.3. Consulta a las personas trabajadoras

La integración del plan de prevención en todos los ámbitos empresariales implica la participación de las personas trabajadoras integrantes de esta, lo que obliga a tener en cuenta sus sugerencias o comentarios, puesto que son los que mejor conocen los puestos de trabajo y las problemáticas de seguridad a las que se enfrentan.

Para que las personas trabajadoras se sientan partícipes y tenidas en cuenta en el desarrollo del plan de prevención se recomienda:

- **Implicar a todas las personas trabajadoras** en los asuntos relacionados con la prevención, para hacerles ver la importancia que tiene su participación.
- **Aprovechar la información proporcionada por las personas trabajadoras,** puesto que son las que mejor conocen el puesto que ocupan. Se recomienda consultarles antes de aplicar las medidas preventivas que les afecten y tratar de buscar una solución para que no sean vistas como una imposición.
- **Establecer incentivos** relacionados con la prevención y con los comportamientos seguros, de forma que se motive a las personas trabajadoras para incorporar la prevención en sus puestos de trabajo.

La integración de la prevención dentro del ámbito empresarial no debe producir un cambio sustancial en la estructura organizativa de la empresa, sino que se debe aplicar a todos los departamentos existentes.

4.4. El plan de prevención

El plan de prevención de riesgos laborales es la herramienta que permite a las empresas integrar la prevención en su sistema de gestión. Debe ser aprobado por la dirección de la empresa y asumido por todas las personas trabajadoras que la integran.

El plan de prevención debe diseñarse junto con entre la empresa, las personas trabajadoras y un servicio de prevención, para lo cual se establecen cuatro fases:

1. **Análisis de las características generales de la empresa**

   ▪ Recogida de información de las características y procesos productivos de la empresa y definición de los principales riesgos que se pueden encontrar.
   ▪ Enumeración de la cantidad de personas trabajadoras y sus condiciones de trabajo.
   ▪ Integración del sistema de prevención con el resto de los sistemas establecidos en la empresa.

2. **Diseño del sistema de prevención**

   ▪ Establecimiento de las medidas de prevención que se deben seguir en las acciones laborales de la empresa.
   ▪ Establecimiento de las formas de trabajo entre los distintos departamentos que intervienen sobre cada una de acciones que se llevan a cabo en la empresa.

3. **Implantación del sistema**

   ▪ Consulta y participación de todas las personas que integran la estructura empresarial que guardan relación con la elaboración, puesta en marcha y aplicación del plan de prevención.
   ▪ Desarrollo de la documentación necesaria, en la que se describirá el plan de prevención y se detallarán los procesos para implantar el sistema de prevención.

■ El plan debe ser accesible y encontrarse a disposición de las autoridades y de los representantes de las personas trabajadoras.

4. Revisión y mejora del sistema

■ El plan de prevención debe revisarse y actualizarse de forma periódica para mejorarlo. En tales actualizaciones el plan incorporará los nuevos riesgos o puestos de trabajo.
■ El plan debe revisarse obligatoriamente cuando se produzca un incidente, un accidente o un cambio sustancial en las condiciones de trabajo, o se defina que se debe actualizar después de realizar una auditoría.

 Para saber más

Se recomienda el acceso a la página del Instituto de Seguridad y Salud en el Trabajo (INSST), en la que se puede acceder a la guía técnica para la integración de la prevención de riesgos laborales en el sistema general de gestión de la empresa.

https://redirectoronline.com/uf05310206

 **Actividades**

5. ¿Quién es la persona encargada de desarrollar un plan de prevención? ¿Debe tener alguna formación específica?
6. ¿Qué labores se deben llevar a cabo con un plan de prevención una vez que es aprobado?
7. ¿Qué aspectos se deben recoger en la portada de un plan de prevención?

5. Riesgos habituales en el sector de la construcción

El sector de la construcción es el que mayor cantidad de accidentes e incidentes registra, motivo por el cual se ha desarrollado una normativa específica que regula los procedimientos de trabajo de este sector.

Mediante el establecimiento de esta normativa específica no se consiguen eliminar en su totalidad los accidentes e incidentes de trabajo, pero si sirve para reducir los siniestros se podrá determinar que el objetivo propuesto ha sido conseguido.

Para valorar la importancia de la prevención de riesgos en el sector de la construcción se recomienda visitar la página web del Instituto Nacional de Seguridad y Salud en el Trabajo, en la que se recogen los datos de siniestralidad en los distintos sectores. En esta estadística se puede comprobar que el sector de la construcción es el que mayor siniestralidad registra.

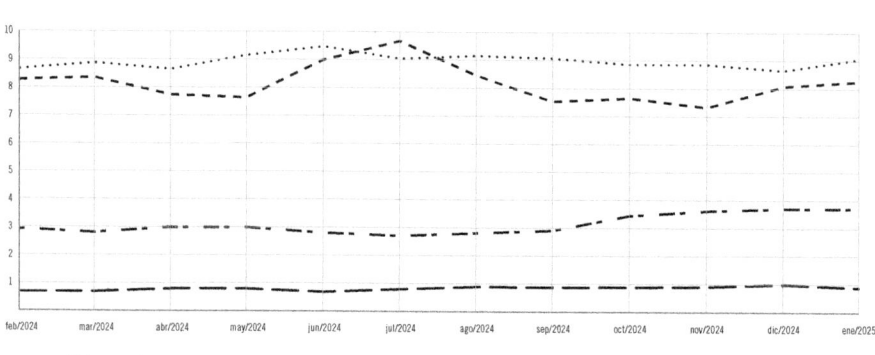

Índice de incidencia de accidentes mortales

······ IIM de sector Construcción   – – – – IIM de sector Agrario   – · – · IIM de sector Industria   —— IIM de sector Servicios

Gráfico de accidentes mortales dentro del sector de la construcción de febrero de 2024 hasta enero de 2025

5.1. Formas de accidente

Los accidentes en el sector de la construcción pueden provocar lesiones leves, graves o incluso mortales, por lo que a continuación se analizarán los accidentes más comunes y la forma de prevenirlos.

Caídas de altura

Las caídas de altura son uno de los principales riesgos que se encuentran en las obras de construcción. Dependiendo de la altura desde la que la persona trabajadora caiga, pueden generar lesiones graves, muy graves o incluso la muerte de la persona trabajadora.

Dentro de las caídas de altura también se deben tener en cuenta las posibles caídas de herramientas cuando las personas trabajadoras están utilizándolas.

Es imprescindible contar con barandillas, redes de seguridad y equipos de protección adecuados para proteger a las personas trabajadoras contra este tipo de riesgo.

Accidentes con maquinaria

El uso de maquinaria pesada como grúas, montacargas, excavadoras y otra tipología de maquinarias hace que las personas encargadas de su manejo deban estar capacitadas para su uso, sin perder de vista que se deben mantener adecuadamente para reducir el riesgo de accidente.

Golpes por objetos

Las personas trabajadoras pueden sufrir golpes por elementos que caen desde las plantas superiores o que son lanzados por la maquinaria que se encuentra en funcionamiento en la obra, por lo que se deben implementar zonas de exclusión para evitar que las personas trabajadoras sean alcanzadas por este tipo de materiales, además de facilitarles cascos protectores como elemento de protección contra impactos de elementos sobre la cabeza.

Atrapamientos

Se deben seguir procedimientos de trabajo seguros que eviten que partes del cuerpo de las personas trabajadoras queden atrapadas en las máquinas en movimiento o con las estructuras debido al movimiento de cargas o materiales en la obra.

Lesiones por herramientas manuales

Un riesgo habitual es el uso inadecuado de las herramientas manuales, que puede desembocar en cortes, abrasiones y otros tipos de lesiones.

Formar a las personas trabajadoras sobre el uso adecuado y seguro de las herramientas y facilitarles equipos de protección adecuados son maneras de prevenir este tipo de riesgo.

Exposición a sustancias peligrosas

La exposición a las sustancias químicas como pinturas, disolventes y materiales de construcción puede generar efectos nocivos en la salud a medio o largo plazo, por lo que se deben implementar herramientas que midan el riesgo, además de facilitar equipos de protección respiratoria a las personas trabajadoras, que deben utilizarlos en su día a día.

Accidentes por andamios inseguros

Un elemento que se debe cuidar son los andamios, puesto que pueden colapsar y provocar la caída de todas las personas trabajadoras y materiales que se encuentren sobre ellos, por lo que se deben inspeccionar regularmente, asegurar que su montaje es correcto y capacitar a las personas que deban trabajar en ellos en las medidas de protección básicas.

Electrocuciones

La presencia de cableados eléctricos y equipos en tensión dentro de las obras cada vez es mayor, por lo que el riesgo de electrocución aumenta. Se deben seguir las medidas de prevención contra el riesgo eléctrico, que pasan por utilizar herramientas aisladas y equipos que se encuentren en buen estado, rechazando la herramienta que no presente un aislamiento correcto.

Accidentes por falta de señalización

Aunque no es un riesgo habitual, es posible que se dé el caso de que las señalizaciones desaparezcan de su ubicación, lo que puede producir confusiones o accidentes en el lugar de trabajo.

Deben colocarse señales de advertencia en las zonas de peligro, en ubicaciones visibles, garantizando su permanencia durante toda la vida de la obra y revisándolas periódicamente para prevenir incidentes.

Fatiga y sobreesfuerzo

La fatiga y el sobreesfuerzo pueden reducir la atención y la coordinación de los movimientos, por lo que se aumenta las posibilidades de que se materialice el riesgo o el incidente.

Se deben establecer los descansos adecuados y fomentar un ambiente de trabajo saludable.

Accidentes *in itinere*

Son los accidentes que sufren las personas trabajadoras cuando se dirigen a su puesto de trabajo o cuando vuelven de este.

¿Cuándo es un accidente *in itinere* y cuándo no?

Sí lo son:	No lo son:
Caída en el portal de casa camino del trabajo	Si se cae en el interior de casa por correr antes de ir hacia el trabajo
Accidente de coche cuando va directamente al trabajo	Accidente de tráfico cuando va al trabajo pero se ha desviado a comprar algo o hacer gestiones personales
Accidente cuando se ha desviado para hacer algo propio de la empresa	
Sufre un accidente esperando al autobús para ir al trabajo o en este	Regresa al trabajo y tiene un accidente después de comer en casa de un amigo o familiar
Un accidente de tráfico tras la cena de Navidad o comida de empresa	Si después de la cena de empresa tiene un accidente por su culpa (alcohol, exceso de velocidad)
Acude y tiene un accidente en bicicleta (o incluso en patinete eléctrico) camino del trabajo	

Ejemplos de accidentes in itinere o no

5.2. Medidas de prevención y protección asociadas

Los riesgos laborales en la construcción son variados. A continuación, se analizarán algunos de ellos, que pueden adaptarse a cada obra de construcción según sean necesarios o no.

Andamios

- Deben arriostrarse para evitar movimientos indeseados.
- Deben revisarse antes de ser utilizados para garantizar su seguridad.
- Deben disponer de barandillas y rodapiés si tienen una altura superior a los 2 m de altura.
- Tienen que separarse de la fachada como máximo 45 cm, aunque se recomienda no superar los 30 cm con respecto a la fachada.
- Deben disponer de crucetas de sujeción en ambos lados y barandillas a 90 cm de altura.

▪ Deben tener un listón intermedio y el rodapié, que tendrá como mínimo una altura de 15 cm.

Atropellos

- Respetar la señalización de seguridad, circulando por las zonas indicadas para peatones y vehículos según corresponda.
- Acceder y abandonar la obra por las entradas destinadas al personal.
- Utilizar las herramientas y vehículos de la obra exclusivamente si se está capacitado para ello y siguiendo las instrucciones establecidas.
- Uso de chalecos reflectantes que garanticen la visibilidad dentro de la obra.
- Respetar las señales acústicas emitidas por los vehículos en su movimiento.
- Revisar periódicamente que los sistemas acústicos incorporados en los vehículos de la obra funcionan adecuadamente.

Caída de objetos a distinto nivel

- Bajo las cargas suspendidas no se debe colocar ninguna persona.
- Los ganchos deben tener los correspondientes pestillos de seguridad.
- Se deben revisar periódicamente y cada vez antes de su uso los cables, cuerdas, eslingas y resto de elementos que intervengan en el izado de las cargas.
- No se deben almacenar los materiales en los bordes de los forjados.
- Se debe asegurar el almacenamiento correcto de los materiales.
- No se deben almacenar herramientas o materiales en las plataformas de trabajo de los andamios.

Caídas a distinto nivel

- Asegurar que están instaladas las protecciones colectivas contra caídas y no acceder al punto de trabajo en el caso de que no se encuentren instaladas.
- Asegurar que los bordes de los forjados, huecos y desniveles estén protegidos con barandillas, vallas señalizadas o redes de seguridad.

- Las barandillas deben ser rígidas, con una altura mínima de 90 cm de alto, y estar provistas de un rodapié de mínimo 15 cm de alto y de un listón intermedio.
- Las redes deben estar bien colocadas y carecer de aberturas que puedan facilitar la caída de las personas trabajadoras.
- No se debe pisar sobre materiales frágiles que puedan producir la caída a distinto nivel.
- Si se desarrollan trabajos a más de 2 m de altura se debe usar el arnés de seguridad.

Caídas al mismo nivel

- Utilizar calzado de seguridad.
- Mantener el orden y la limpieza en las zonas de almacenamiento, paso y trabajo.
- Almacenar los materiales en las zonas indicadas para ello.
- Realizar el acopio de materiales adecuadamente.

Contactos eléctricos

- Las instalaciones eléctricas y la intervención en ellas deben realizarse solo por personal homologado.
- El agua y la electricidad no deben entrar en contacto, por lo que no se deben apagar los fuegos eléctricos usando agua, ni tampoco deben usarse las herramientas eléctricas con las extremidades mojadas o húmedas.
- Los cables pelados o que presenten fallos de aislamiento deben repararse o sustituirse. No deben utilizarse hasta que no se encuentren en buen estado para su uso seguro.
- Atender a los calentamientos de los equipos o cuadros eléctricos o a los contactos indirectos que la herramienta puede presentar.
- No se deben manipular los bloqueos y las señalizaciones de los cuadros eléctricos.
- Desconectar los cables desde la clavija de conexión sin tirar del cable.

Escaleras de mano

- Tienen que utilizarse en suelos secos, lisos y nivelados.
- Deben contar con un larguero situado como mínimo 1 m por encima de los puntos de apoyo.
- Han de disponer de zapatas antideslizantes.
- Se deben usar siguiendo las instrucciones del fabricante.
- Deben revisarse periódicamente y antes de su utilización.
- No se deben usar por dos o más personas a la vez.
- No se deben dejar herramientas ni materiales sobre los peldaños.
- No se deben manipular las cargas sobre ellas.

 Para saber más

Puede acceder a la documentación del Instituto Nacional de Seguridad y Salud en el trabajo disponible en los siguientes enlaces:

https://redirectoronline.com/uf05310202

https://redirectoronline.com/uf05310206

Aplicación práctica

Acaba de acudir a la obra de la aplicación anterior puesto que le han llamado para ampliar los trabajos que debe llevar a cabo. Cuando llega a la obra se encuentra con que una de las personas trabajadoras de su empresa se encuentra subida a un andamio que tiene las siguientes características:

▪ El andamio se encuentra anclado a la pared y separado 50 cm de esta.
▪ Dispone de barandilla a una altura de 60 cm y carece de rodapié.
▪ ¿Debería llamarle la atención a esa persona trabajadora? ¿Por qué?

SOLUCIÓN

Debe llamarle la atención a la persona trabajadora, debido a que está incumpliendo la normativa para el trabajo en altura.

La separación máxima que debe existir entre el andamio y la pared es de 45 cm, aunque se recomienda no superar los 30. El andamio está a 50 cm.

Los andamios deben disponer de barandilla de seguridad a una altura mínima de 90 cm y de rodapiés, condiciones que el andamio que se está usando incumple.

No se le debe dejar de trabajar en ese andamio hasta que no se solventen estas anomalías.

6. Tajos de edificación, descripción de trabajos, medios auxiliares y maquinaria empleados, fases de desarrollo, tajos previos, posteriores y simultáneos, riesgos característicos y medidas de prevención y protección

Las obras de construcción se dividen en tajos, por lo que a la hora de planificar la acción preventiva se deben tener en cuenta los procesos que se llevan a cabo dentro de cada uno de ellos.

 **Definición**

Tajo
Tarea o trabajo que debe realizarse en un plazo de tiempo determinado.

Entre los tajos más habituales que se pueden encontrar dentro de una obra de edificación están:

- **Albañil:** persona encargada de realizar pequeñas cimentaciones y desarrollar redes de saneamiento, cerramientos con ladrillos o similares, cubiertas cerámicas, revestimiento de tejados, etc.
- **Alicatador:** persona responsable de colocar los elementos cerámicos sobre los paramentos verticales y elementos singulares de la obra.
- **Carpintero:** persona encargada de realizar todos los trabajos relacionados con la madera.
- **Cristalero:** persona responsable de colocar los cristales en sus ubicaciones (ventanas, puertas, balcones, etc.).
- **Electricista:** persona encargada de realizar los trabajos relacionados con la electricidad, tanto en el tajo como en la obra.
- **Encofrador o ferrallista:** persona encargada de ejecutar la obra de forma vertical. Realiza los encofrados (metálicos y de madera), coloca las viguetas y las bovedillas, y prepara la armadura y la ferralla sobre las que se verterá y vibrará el hormigón. Una vez el hormigón ha secado, procederá al desencofrado y a la limpieza de los materiales utilizados.
- **Enfoscador:** persona encargada de realizar las rozas necesarias para las instalaciones y revestir con mortero los paramentos horizontales y verticales, para posteriormente colocar el alicatado o el solado sobre las superficies.
- **Escayolista/yesista:** persona encargada de realizar los recubrimientos de las superficies con escayola o yeso.
- **Fontanero:** persona encargada de realizar la instalación de las tuberías y desagües del edificio.
- **Gruista:** persona encargada de manejar la grúa de la obra.

- **Maquinista:** persona encargada de conducir y manejar las máquinas de la obra.
- **Pintor:** persona encargada de preparar las superficies para posteriormente aplicar la pintura o el papel.
- **Solador:** persona responsable de revestir las superficies de la obra con materiales pétreos o cerámicos.

Dentro de las obras de edificación se pueden diferenciar los siguientes tajos y actividades:

- Tajos previos:

  - Excavación y movimiento de tierras

- Tajos posteriores:

  - Cimentación y estructura
  - Instalación de la red de saneamiento
  - Cerramientos y albañilería
  - Solados, alicatados y enyesados

- Tajos simultáneos:

  - Carpintería interior y exterior
  - Cristalería y pintura
  - Instalaciones eléctricas, de fontanería, calefacción
  - Instalación de aparatos sanitarios
  - Instalación de ascensores y elementos comunes

6.1. Tajos auxiliares (apeos, entibaciones, instalación de medios auxiliares y de protección colectiva)

En el grupo de los tajos o trabajos auxiliares se desarrollan las siguientes actividades que se exponen a continuación.

Apeos

Los apeos y los apuntalamientos son estructuras auxiliares cuya finalidad es sostener algún elemento constructivo o estructural del edificio de forma temporal, cuando este presenta problemas de movimiento o amenaza de ruina.

Los apeos y los apuntalamientos son necesarios en las siguientes ocasiones:

- Existen deformaciones estructurales.
- Se producen fallos en el asentamiento de la cimentación debidos a fallos en el terreno o por la degradación de los materiales.
- Hay causas externas, como movimientos sísmicos, humedades o ataque de xilófagos, entre otros.

El apeo de las estructuras se realizará siempre de la zona inferior hacia la zona superior, reforzando la parte inferior para posteriormente reforzar la superior.

Los términos *apeo* y *apuntalamiento* se suelen utilizar de forma indistinta, aunque no tengan el mismo significado.

 Definición

Apeo
Acción de sostener un edificio. Se compone del armazón de madera o metálico con el que se sujeta todo o parte de un edificio.

Apuntalamiento
Acción de apuntalar o poner puntales. Se hincan los puntales en el terreno para sostener la pared o edificio que se esté desplomando o que amenaza ruina inminente.

Entibaciones, instalación de medios auxiliares y de protección

Las entibaciones son los medios que se instalan de forma provisional para soportar las paredes de las zanjas y evitar que estas se caigan. En su instalación deben aplicarse las siguientes medidas de prevención:

- Se colocarán topes para evitar la caída de vehículos.
- Se colocarán barandillas de 1 m de altura, separadas como mínimo 60 cm, dependiendo del ángulo del talud natural.
- Si la zona no está acotada para evitar el acceso de personas o vehículos, se colocarán por la noche lámparas de color rojo, separadas entre sí un máximo de 10 m.
- Durante el desarrollo de los trabajos en los que la zanja esté abierta y no se trabaje en ellas, estas deberán taparse con paneles o redes.
- No deben encontrarse personas dentro del radio de acción de las máquinas de excavación.
- Se deben usar paneles adecuados para realizar la entibación, cuya dirección debe ser de arriba hacia abajo.

6.2. Demoliciones (manual y mecánica)

Una demolición consiste en que un elemento que fue construido con anterioridad deje de existir puesto que se va a destruir. Se puede decir que *demolición* es el antónimo de *construcción*.

Las demoliciones, atendiendo a la superficie o elemento que eliminar, pueden realizarse de forma manual o mecánica, dependiendo de si en ella se utiliza maquinaria o no.

Demoliciones manuales

- No se deben desmontar los marcos de los huecos, puesto que soportan el peso del dintel.
- No se deben realizar trabajos de demolición en distintos niveles, para evitar la caída de elementos a los niveles inferiores.

- Las plantas en las que no se deben realizar trabajos deben permanecer cerradas.

- Los escombros deben regarse y las personas que se encuentren en el entorno en el que se realicen los trabajos de demolición deben utilizar mascarillas autofiltrantes.

- Todas las personas que participen en los trabajos de demolición deben utilizar arnés de seguridad si la altura de trabajo es superior a los 2 m.

- Las zonas de paso deben estar limpias y sin obstáculos hasta el momento de su derribo.

- Los tramos de escaleras entre plantas se demolerán antes que el forjado superior en el que se apoyan.

- Las personas trabajadoras usarán casco, pantalla de protección, protecciones auditivas, fajas y cualquier otro material de seguridad que sea necesario.

- Las chimeneas, las escaleras y las cornisas se desmontarán desde plataformas perimetrales o andamios exteriores.

- Las cubiertas se demolerán, comenzando en la cumbrera y hacia los aleros, de forma inversa a su construcción.

 Sabía que...

El edificio más alto demolido fue el Singer Building, de 47 plantas, en la ciudad de Nueva York, que fue construido en 1908, derribado entre 1967 y 1968 para ser reemplazado por el One Liberty Plaza.

Demoliciones mecánicas

Cuando la demolición, además de hacerse de forma manual incorpora maquinaria de apoyo, se deben tener en cuenta los siguientes aspectos preventivos:

- Las personas trabajadoras usarán casco, pantalla de protección, protecciones auditivas, fajas y cualquier otro material de seguridad necesario.

- Los escombros deben regarse y las personas que se encuentren en el entorno en el que se realicen los trabajos deben utilizar mascarillas autofiltrantes.
- Alrededor de la maquinaria que intervenga en el proceso de demolición deberá trazarse un área de seguridad en la cual no podrá encontrarse ninguna persona.
- Toda la maquinaria que intervenga en la demolición debe tener cumplimentado el correspondiente libro de mantenimiento y estar en condiciones de uso seguro.

6.3. Movimientos de tierras, vaciados, zanjas

Tanto los materiales necesarios para desarrollar la obra como los que procedan de la excavación deben situarse a una distancia suficiente del borde de la excavación, para que no suponga una sobrecarga del terreno que pueda provocar un desprendimiento o un corrimiento de tierras en el talud.

Para evitar que se produzcan estos movimientos de tierras, se pueden utilizar diversas técnicas como la entibación, el uso de pantallas, etc., que aseguren la estabilidad del terreno.

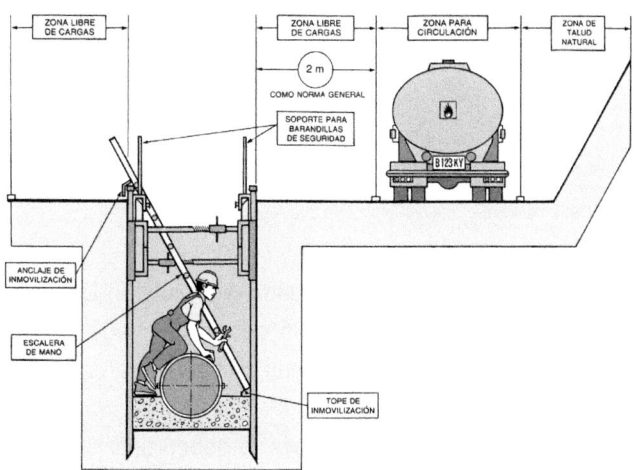

Disposición de los distintos elementos que intervienen en la realización de una zanja

En el caso de que las paredes no puedan formar un ángulo igual o inferior al del talud natural. Se deberá tener en cuenta la tabla de ángulos de inclinación y pendientes de los taludes, para tratar de evitar que se produzcan desprendimientos de tierra.

Naturaleza del terreno	Excavaciones en terreno virgen o terraplenes homogéneos muy antiguos				Excavaciones en terreno removido recientemente o terraplenes recientes			
	Terrenos				Terrenos			
	Secos		Inmersos		Secos		Inmersos	
	Ang. con la horizontal	Pendiente	Ang. con la horizontal	Pendiente	Ang. con la horizontal	Pendiente	Ang. con la horizontal	Pendiente
Roca dura	80°	5/1	80°	5/1				
Roca blanda o fisurada	55°	7/5	55°	7/5				
Restos rocosos, pedregosos, derribos	45°	1/1	40°	4/5	45°	1/1	40°	4/5
Tierra fuerte (mezcla de arena y arcilla) mezclada con piedra y tierra vegetal	45°	1/1	30°	3/5	35°	7/10	30°	3/5
Grava, arena gruesa no arcillosa	35°	7/10	30°	3/5	35°	7/10	30°	3/5
Arena fina no arcillosa	30°	3/5	20°	1/3	30°	6/10	20°	1/3

Tabla de inclinación de taludes en función de la naturaleza del terreno

Si el terreno a excavar estuviese anegado o en su fondo apareciera agua, ésta debe eliminarse utilizando un medio de achique adecuado, analizando una vez extraída si la estabilidad del terreno se ha visto afectada.

Para acceder a las zanjas o excavaciones se deben usar escaleras metálicas evitando en todo momento el uso de los elementos de contención o el tránsito por los taludes.

6.4. Cimentaciones

Las cimentaciones son el conjunto de elementos de una estructura que tienen el objetivo de repartir la carga de la misma al terreno ocupado sin sobrepasar el peso máximo admitido por este. Las cimentaciones se suelen enterrar en el terreno, y también se conocen como lechos de cimentación.

Antes de iniciar la cimentación de un edificio o estructura deben tenerse en cuenta las siguientes condiciones:

- Se deben analizar todos los elementos que se encuentren alrededor del solar en el que se va a realizar la cimentación, como carreteras, aceras, líneas de suministro, cimentaciones cercanas, etc.
- Se deben seleccionar los equipos y maquinarias más adecuadas así como su acceso a la obra, zonas de acopio y almacenamiento o circulación por la obra de personas y maquinaria.
- El terreno en el que trabaje la maquinaria debe estar nivelado y resistir el peso de esta. En caso de que el terreno no presente estas características, se puede preparar mediante la aportación de material.

6.5. Estructuras de hormigón (encofrados, armaduras, prefabricados)

La mayor parte de las obras utilizan las estructuras de hormigón como base para la construcción, por lo que los encofrados son fundamentales en ellas. Habitualmente, las estructuras de hormigón en su interior se componen de estructuras de acero de refuerzo y el propio hormigón.

Las estructuras de acero de refuerzo deben acompañarse de la correspondiente certificación de conformidad, en la que se recogen los ensayos que se han realizado sobre ellas, que garantizan que tienen la capacidad de soportar las condiciones de la estructura.

Algunas medidas preventivas que se deben observar cuando se trabaja con los encofrados, armaduras y elementos estructurales de hormigón son:

- Se deben revisar los materiales antes de proceder a su instalación. No deben instalarse si se observase alguna deformidad.
- El encofrado debe colocarse correctamente y revisarse antes de aplicar el hormigón sobre él.
- Se deben proteger los huecos existentes en el encofrado con barandillas, redes o cualquier otro sistema homologado.

Los riesgos más habituales a los que están expuestas las personas que desarrollan estos trabajos son:

- Caídas al mismo y a distinto nivel.
- Cortes en las extremidades superiores.
- Golpes, atrapamientos y aplastamientos.

6.6. Estructuras metálicas

Las estructuras metálicas son una manera de levantar edificaciones que dispongan de un área espaciosa con un gran aprovechamiento del espacio, a un precio más económico que si se realizase de hormigón.

 Sabía que...

Se entiende por estructura metálica aquella que utiliza como mínimo un 80 % de elementos metálicos en su construcción, predominando el acero como material empleado.

Entre las medidas preventivas que seguir en el montaje de las estructuras metálicas se encuentran:

- Los trabajos de unión de los elementos deben realizarse, siempre que sea posible, minoritariamente en altura.

- El desplazamiento de cargas suspendidas debe ser el menor posible, dejando para la ubicación de los materiales la elevación de estos.
- Se debe controlar el viento o las ráfagas de aire mientras se produce la elevación o desplazamiento de cargas, ya que puede provocar su desplazamiento sin control, la caída de estas o golpes sobre las personas trabajadoras de la obra.
- Las maniobras únicamente las debe dirigir una persona, para evitarle al operario responsable del movimiento y elevación de la carga dudas acerca de la acción que debe llevar a cabo.
- Está terminante prohibido el acceso de las personas trabajadoras a la carga usando los elementos de sujeción de la carga y el tránsito por ella.
- Las piezas deben quedar sujetas adecuadamente al resto de los elementos de la estructura antes de soltarlos de la sujeción ofrecida por la grúa.
- Si los materiales son longitudinales, se deben sujetar por sus extremos, para lo que se pueden usar balancines, ganchos, grilletes, eslingas, etc.
- Los materiales deben permanecer izados el tiempo mínimo que sea necesario para colocarlos y sujetarlos en su ubicación definitiva.
- Se debe señalizar adecuadamente el área de trabajo para evitar el tránsito de las personas trabajadoras por esta.
- Los trabajos de soldadura quedan prohibidos si existen productos combustibles o inflamables a menos de 6 m de distancia.
- El personal que trabaje en altura debe utilizar un arnés, que tiene que estar unido a una línea de vida o un punto de anclaje que evite su caída.

6.7. Cerramientos y particiones

Un cerramiento es una superficie que delimita un espacio tapando una abertura y que impide el paso del aire o la luz. Habitualmente los cerramientos se llevan a cabo desde el exterior de la fachada, empleando andamios para ello.

En un andamio se deben seguir, entre otras, las siguientes medidas de seguridad:

- No se debe realizar modificación alguna sobre el andamio.
- Se debe revisar antes de utilizarlo.
- Se debe acceder al andamio por las zonas habilitadas para ello.

- Se debe acotar una zona alrededor, para evitar que la caída de objetos pueda dañar a las personas que circulen en la base del andamio.
- No se deben usar las barandillas como elementos auxiliares para la elevación de las cargas ni como puntos de sujeción del arnés.
- Habrá que comprobar el marcado de la carga máxima que puede soportar, distribuir las cargas sobre varios puntos y no sobrepasar esa carga máxima.
- No se deben almacenar escombros sobre las plataformas del andamio.
- Si existe riesgo de caída de materiales, se debe instalar una red exterior que cierre perimetralmente el andamio.
- Los trabajos sobre el andamio deben suspenderse si la velocidad del viento es superior a la máxima indicada por las condiciones constructivas de instalación del andamio.

6.8. Cubiertas

La cubierta es el elemento constructivo que protege a los edificios en su parte superior y a la estructura de este contra los agentes climáticos, térmicos o acústicos.

Cuando se desarrollan trabajos sobre las cubiertas, se deben tener en cuenta las siguientes medidas preventivas:

- Se debe realizar el acopio de los materiales atendiendo a su utilización, de más próxima a más lejana.
- Los materiales se deben almacenar sobre superficies planas para repartir la carga sobre el forjado.
- Se deben colocar viseras de protección en la parte inferior de la cubierta para proteger a las personas que transiten por ella.
- No se debe trabajar sobre la cubierta si hay vientos que comprometan la seguridad de las personas trabajadoras o de los materiales almacenados en ella, o si la superficie de la cubierta presenta indicios de deslizamiento.
- Deben señalizarse los elementos fijos que se encuentran en la cubierta, como antenas o tirantes de sujeción de elementos.
- Las cubiertas deben disponer de barandillas, líneas de vida o ganchos de servicio, que serán utilizados por el personal que trabaje sobre ella en la actualidad o en un futuro.

6.9. Acabados (revestimientos continuos y con piezas rígidas (solados, alicatados, chapados), pavimentos continuos, revestimientos ligeros, falsos techos, pinturas)

Una parte esencial en las obras de construcción son los acabados, que se encargan de establecer la estética, la funcionalidad y la durabilidad de la estructura de esta. Se puede definir el acabado como la capa que protege al edificio, que lo hace habitable y atractivo, además de protegerlo contra la humedad, el paso del tiempo y el desgaste.

Los acabados presentan las siguientes características:

- **Confort:** mejoran el confort del edificio gracias al aislamiento térmico o acústico, que crea un ambiente más agradable.
- **Durabilidad:** se diseñan para que duren, lo que reduce la necesidad de realizarles un mantenimiento periódico.
- **Estética:** crean un aspecto más atractivo y agradable, para lo cual se tienen en cuenta los colores o los elementos decorativos incorporados.
- **Funcionalidad:** incorporan elementos funcionales, suelos antideslizantes o superficies de fácil limpieza.
- **Protección:** establecen una protección contra los elementos exteriores como la humedad, la corrosión o los cambios climáticos.

En el sector de la construcción se pueden encontrar distintos tipos de acabados. Entre ellos, atendiendo al sector afectado, puede están los siguientes:

- Revestimientos de paredes

  - **Pintura:** la opción más común mediante la que se colorea y se protegen las paredes.
  - **Paneles de yeso:** superficies lisas que se pueden pintar o colocarles papeles sobre las mismas.
  - **Azulejos:** protección de zonas húmedas como baños y cocinas.

- Suelos

  - **Baldosas cerámicas:** con una alta durabilidad y fáciles de limpiar, se usan en zonas con mucho tránsito o que se ensucian habitualmente.
  - **Madera:** aporta calidez y elegancia, aunque requiere de un mantenimiento constante.
  - **Alfombra:** centrada en la confortabilidad y en el aislamiento acústico de la ubicación en la que se sitúa.

- Techos

  - **Pintura:** para un acabado uniforme de la estancia.
  - **Paneles suspendidos:** encargados de proporcionar un aislamiento acústico.
  - **Molduras decorativas:** aumentan el grado de elegancia.

- Carpintería

  - **Puertas y ventanas:** incluye la pintura, las manijas y los cierres o cerraduras.
  - **Molduras y zócalos:** se centran en la terminación de la estancia.
  - **Armarios y muebles empotrados:** cuida el cierre y el revestimiento interior de estos.

- Sistemas de aislamiento

  - **Aislamiento térmico:** enfocado en la eficiencia energética y en el confort interior.
  - **Aislamiento acústico:** enfocado en la reducción del ruido proveniente de otras estancias.

Independientemente del modelo de acabado sobre el que se esté trabajando, se deben utilizar los siguientes equipos de protección individual:

- Casco de seguridad
- Botas o calzado de seguridad
- Guantes de lona y piel

- Gafas de seguridad
- Protectores auditivos
- Cinturón de seguridad
- Ropa de trabajo

6.10. Aislamientos e impermeabilizaciones

Habitualmente se definen los términos *aislamiento* e *impermeabilización* como si fueran lo mismo, pero no es así, puesto que cada uno hace referencia a un aspecto distinto, aunque ambos generan efectos positivos sobre la estructura del edificio y en la reducción del consumo de energía.

 Definición

Aislamiento
Instalación o aplicación de materiales que aíslan un elemento de un agente externo (ruido, electricidad, temperatura, etc.).

Impermeabilización
Instalación o aplicación de materiales que impiden el paso del agua.

Para llevar a cabo los trabajos de aislamiento e impermeabilización se deben respetar las siguientes medidas de seguridad:

- Las bombonas de gas se almacenarán en ubicaciones ventiladas, con el suelo nivelado, a la sombra y alejadas de zonas con riesgos de incendio o explosión.
- Las bombonas de gas no deben ocupar las vías de evacuación y emergencia.
- El manorreductor en las bombonas de gas es un elemento fundamental, que no se debe desmontar y sin el cual no se deben utilizar.
- La manguera de la candileja debe ser reforzada y no presentar fugas.

■ Si fuese necesario ubicar las bombonas en zonas elevadas, su elevación debe realizarse con equipos que protejan a las bombonas de golpes o caídas.

6.11. Carpinterías de aluminio y madera

El carpintero es la persona que trabaja la madera y sus derivados para colocar puertas, ventanas o mobiliario en los que se usa la madera como elemento constructivo. Por el contrario, la persona encargada de fabricar e instalar puertas y ventanas de aluminio recibe el nombre de cerrajero del aluminio.

Independientemente del tipo de material usado en la carpintería, se deben observar las siguientes indicaciones preventivas:

■ Los medios auxiliares (escaleras, andamios, plataformas) deben adecuarse al trabajo que realizar, sobre todo en lo que se refiere a los medios de elevación.
■ Las zonas de trabajo y de acopio de materiales deben estar ordenadas.
■ Los materiales, una vez colocados en su ubicación definitiva, se deben asegurar hasta su sujeción definitiva.

6.12. Cerrajería

La cerrajería es un oficio centrado en la instalación, reparación y mantenimiento de cerraduras, cerrojos, candados y cualesquiera elementos relacionados con los cierres.

En muchas ocasiones, son los propios carpinteros los que instalan las cerraduras y los elementos de cierre en los elementos.

Entre los riesgos a los que se pueden enfrentar las personas que desempeñan este trabajo se encuentran:

■ Caídas de personal al mismo o distinto nivel
■ Caídas de objetos por desplome, derrumbamiento o manipulación

- Pisadas sobre objetos
- Choques y golpes contra objetos inmóviles o móviles
- Golpes y cortes por objetos o herramientas
- Proyección de fragmentos o partículas
- Atrapamientos o aplastamientos
- Sobreesfuerzos, posturas inadecuadas o movimientos repetitivos
- Exposición a temperaturas extremas
- Contactos térmicos con riesgo de abrasión
- Contactos eléctricos
- Exposición a sustancias nocivas o tóxicas
- Exposición al ruido y a vibraciones
- Incendio y explosión

 Para saber más

Puede acceder a través del siguiente enlace a la guía de prevención de riesgos laborales para el puesto de cerrajero realizada por CEOE-Tenerife en la que se establecen los riesgos y las medidas preventivas para este puesto.

https://redirectoronline.com/uf05310204

6.13. Vidriería

El vidriero o cristalero en una obra es la persona responsable de cortar, montar e instalar los distintos tipos de cristales necesarios en puertas, ventanas o incluso escaparates.

Entre las labores que lleva a cabo se encuentran:

- Colocación de los cristales en las puertas
- Instalación de los espejos y/o cristales
- Instalación de los cristales en las ventanas, tragaluces, escaparates, paredes interiores, fachadas, etc.
- Colocación de las puertas de cristal y ajuste de bisagras
- Instalación de vidrieras y mamparas de cristal en las duchas

Las medidas de prevención que deben seguir estos profesionales en el desarrollo de su actividad son:

- Una vez colocados los cristales, se deben señalizar con cintas o pinturas para evitar choques contra ellos.
- Se deben usar correctamente los elementos auxiliares de trabajo, como escaleras, borriquetas, etc.
- La colocación de los cristales se llevará a cabo desde el interior de la estancia.
- La zona de trabajo debe mantenerse limpia y ordenada, sin fragmentos de vidrio en el suelo.
- Los vidrios de grandes dimensiones se manipularán usando ventosas y entre varias personas.
- Los vidrios se almacenarán, transportarán y colocarán en posición vertical.

6.14. Instalaciones

Dentro del grupo de las instalaciones en una obra de edificación se encuentran todas las que garantizan un buen funcionamiento del edificio, sin las que no se podría usar el edificio adecuadamente por parte de las personas que residen en él.

Entre las instalaciones que se pueden encontrar en un edificio se encuentran las descritas a continuación.

Ascensores

Para la instalación de los ascensores del edificio se deben tener en cuenta las siguientes medidas preventivas:

- En las aperturas correspondientes a las plantas deben colocarse rodapiés de 50 cm de altura como mínimo para evitar la caída de objetos y una barandilla para evitar la caída de personas por el hueco.
- Se deben comprobar diariamente las plataformas de trabajo, barandillas y rodapiés en cada una de las plantas.
- El hueco del ascensor debe tener iluminación permanente y no pueden existir puntos de agua en sus inmediaciones.
- El equipo de trabajo de que deben disponer las personas trabajadoras será como mínimo de casco, botas con puntera de seguridad y arnés de seguridad, que se atará a la línea de vida vertical sita en el interior del hueco del ascensor.

Fontanería y calefacción

En las instalaciones correspondientes a la fontanería y calefacción se deberán tener en cuenta las siguientes medidas preventivas:

- No se debe fumar cuando se esté trabajando con cualquier tipo de gas. No deben existir materiales combustibles en la zona de trabajo.
- Se debe cuidar la valvulería de las botellas de gas para evitar fugas.
- Las bombonas de gas se almacenarán verticalmente y en ubicaciones ventiladas, con el suelo nivelado, a la sombra y alejadas de zonas con riesgos de incendio o explosión.
- Las bombonas de acetileno y oxígeno se almacenarán en distintas ubicaciones.
- La distancia entre las botellas y el punto de soldadura debe ser como mínimo de 3 m.
- Se prohíbe realizar soldaduras en el interior de tanques o contenedores que previamente no hayan sido desgasificados.

Instalaciones eléctricas

En los trabajos eléctricos se debe respetar el principio que establece que todos los trabajos deberán llevarse a cabo sin tensión. Si esto no fuera posible se deberán implantar las denominadas cinco reglas de oro:

1. Desconexión de las fuentes de alimentación mediante un corte efectivo
2. Bloqueo y señalización para evitar reconexiones
3. Verificación de la ausencia de tensión
4. Puesta a tierra y en cortocircuito
5. Protección y señalización de la zona de trabajo

Aire acondicionado

Para el desarrollo de las instalaciones de aire acondicionado, las condiciones son similares a las mostradas para las instalaciones de fontanería y calefacción.

 Actividades

8. Realice un listado de los riesgos más habituales que se pueden encontrar en los distintos acabados enunciados anteriormente.
9. Realice un listado de las principales herramientas empleadas en las obras atendiendo al gremio al que hacen referencia.
10. Realice un listado de las principales herramientas empleadas en las demoliciones. Asigne las medidas de protección que considere necesarias en su uso.
11. Investigue acerca de la peligrosidad de los gases que se utilizan en los equipos de aire acondicionado y las medidas de protección que deben adoptar las personas instaladoras de este tipo de equipos.

7. Tajos de Urbanización, descripción de trabajos, medios auxiliares y maquinaria empleada, fases de desarrollo, tajos previos, posteriores y simultáneos, riesgos característicos y medidas de prevención y protección

Dentro de una obra de construcción, la urbanización del entorno en el que se sitúa la edificación es un aspecto importante, ya que debe habilitarse para que las personas que residan en ella alcancen una calidad de vida adecuada.

Los trabajos de urbanización del entorno abarcan todas las operaciones relacionadas con las zonas en las que se asientan las calles y zonas comunes del entorno, por lo que se llevan a cabo las tareas de excavación y nivelación, así como las correspondientes a la implantación de las instalaciones eléctricas y redes de saneamiento, entre otras.

Para llevar a cabo estos trabajos, se utiliza la siguiente maquinaria:

- **Retroexcavadora:** para el movimiento de tierras y realización de zanjas y socavones en el terreno, depositando el material extraído en los camiones encargados de llevar ese material al punto de depósito.
- **Camión:** vehículo pesado encargado de retirar o aportar el material sobrante o necesario a la obra.
- **Camión de asfaltado:** vehículo pesado que incorpora un tanque en el que mantiene la temperatura del material mediante el uso de calentadores, para garantizar una correcta aplicación del material.
- **Compactadora:** vehículo pesado compuesto por varios rodillos o ruedas cuya misión es compactar el material sobre el que se desplaza.

Los puestos de trabajo que se encuentran más habitualmente en este tipo de tajos son:

- **Conductores:** responsables de la conducción de los vehículos pesados que se encuentran en la obra.
- **Personal de asfaltado:** responsables del manejo de la maquinaria empleada en el asfaltado de la superficie.

- **Personal señalizador:** responsables de informar a las personas que circulan por el entorno de la existencia de obras, modificando y adaptando el tráfico a las necesidades de la obra apoyándose en señales.
- **Tubero:** encargado de instalar y realizar las conexiones de las tuberías de abastecimiento y saneamiento.
- **Electricista:** responsable de realizar las instalaciones eléctricas necesarias para el funcionamiento de los semáforos, iluminación, etc.
- **Jardinero:** encargado de definir los jardines y mantener las plantas que allí se siembren.
- **Albañil:** encargado de realizar las aceras y colocar el embaldosado de estas.

7.1. Fases de trabajo en los tajos de urbanización

Los tajos de urbanización se pueden clasificar, atendiendo a su desarrollo cronológico, en tajos previos, posteriores y simultáneos.

Tajos previos

Son los trabajos que se realizan antes de comenzar con la edificación.

Movimiento de tierras

Dentro de este tajo se contempla la excavación y transporte de grandes cantidades de tierra, movidas mediante máquinas excavadoras y camiones basculantes.

Dimensionado de calzadas y aparcamientos

Dimensionado de las calzadas y los aparcamientos, para lo cual se tendrá en cuenta el ancho de la calzada, las plazas de aparcamiento y el espacio destinado a las aceras, lo que marcará directamente las superficies que pavimentar y el volumen de material que se debe aportar.

Redes de abastecimiento

Son las redes encargadas de suministrar el agua potable a las viviendas de la zona y el riego a los parques y jardines.

Redes de saneamiento

Son las redes encargadas de retirar las aguas fecales y pluviales.

Redes de alumbrado público

Son las redes encargadas de la iluminación de la vía, tanto peatonal como para los vehículos, así como de los semáforos.

Redes de transporte de electricidad

Son las redes encargadas de llevar la electricidad a los puntos en los que se necesita. Habitualmente se compone de redes de alta o baja tensión, en las que se incluyen los centros de transformación.

Tajos posteriores

Son los trabajos que se realizan una vez comenzada la edificación.

Solado de las aceras

Consistente en la colocación de las losas o materiales similares en las zonas de tránsito de los peatones, respetando la normativa correspondiente a las características establecidas por el organismo municipal correspondiente.

Itinerarios peatonales

El diseño de los itinerarios peatonales y aceras se regula de forma distinta según el municipio en el que se estén llevando a cabo las tareas de edificación, aunque se debe respetar la accesibilidad de esta para que las personas con problemas de movilidad o visión no vean limitados sus movimientos.

Pavimentación de la calzada

Dentro de este tajo se agrupan todos los trabajos relacionados con el asfaltado de la calzada por la que circularán los vehículos.

Jardinería

Esta fase, que debe mantenerse con el paso del tiempo, recoge la siembra y plantación de las zonas verdes de la zona urbanizada.

Tajos simultáneos

Otra manera en la que se pueden llevar a cabo los tajos es de forma simultánea, es decir, unos se pueden llevar a cabo mientras se realizan otros tajos de edificación y urbanización.

Se debe tener en cuenta que, durante los tajos simultáneos, los riesgos asociados a cada una de las tareas siguen presentes, por lo que deben extremar las precauciones al desarrollar los trabajos.

 Aplicación práctica

Tiene que realizar la urbanización de una zona de su ciudad, para lo cual debe presentar un presupuesto a la empresa que le ha pedido que desarrolle los trabajos. Le han solicitado que organice los tajos que llevará a cabo. ¿Qué tajos desarrollará y que actividades realizará dentro de cada uno de ellos?

Continúa en página siguiente >>

<< Viene de página anterior

SOLUCIÓN

▌ Tajos previos (antes de comenzar la edificación)

- ▎ Movimiento de tierras
- ▎ Dimensionado de calzadas y aparcamientos
- ▎ Redes de abastecimiento
- ▎ Redes de saneamiento
- ▎ Redes de alumbrado público
- ▎ Redes de transporte de electricidad

▌ Tajos posteriores (una vez comenzada la edificación)

- ▎ Solado de las aceras
- ▎ Itinerarios peatonales
- ▎ Pavimentación de la calzada
- ▎ Jardinería

7.2. Explanaciones

Una explanación es la operación correspondiente a un movimiento de tierras que se realiza con el objetivo de convertir el terreno en un plano horizontal o inclinado.

Los riesgos más habituales que se pueden encontrar cuando se realizan los trabajos de explanación son:

- ■ Caídas de personas al mismo o a distinto nivel
- ■ Proyección de partículas
- ■ Caída de objetos o materiales
- ■ Vibraciones y ruidos
- ■ Atrapamientos y cortes por máquinas y herramientas
- ■ Atropellos
- ■ Desprendimiento de tierras o materiales

Para proteger a las personas trabajadoras de los riesgos anteriores se establecen las siguientes medidas preventivas:

- La zona de trabajo debe señalizarse y balizarse correctamente.
- Está terminantemente prohibido la presencia de personal en el radio de acción de la maquinaria cuando esta se encuentra funcionando.
- Se usarán gafas y casco de protección contra la proyección de partículas.
- El personal debe equiparse con chalecos reflectantes.
- Los camiones deben circular por las vías indicadas, y disponer de lonas para proteger la carga y evitar su pérdida durante el transporte.
- Se usarán cinturones antivibratorios y orejeras de protección contra el ruido (el nivel máximo permitido de ruido es de 80 dB).

 Recuerde

Está terminantemente prohibida la presencia de personal dentro del radio de acción de las máquinas cuando estas están en funcionamiento.

7.3. Drenajes

El término *drenaje* se refiere al sistema de tuberías y sumideros necesarios para proceder a la evacuación de los líquidos, que pueden ser debidos a la lluvia, al riego o por los elementos domésticos.

Los riesgos más habituales a los que se enfrentan las personas trabajadoras que realizan estos trabajos son:

- Caída de personas al interior de las zanjas (caídas a distinto nivel)
- Caída de personas al mismo nivel
- Contusiones y heridas por manipulación de tubos y materiales
- Desplome de taludes y cortes de las zanjas
- Golpes y atrapamientos por y contra objetos

■ Pisadas sobre materiales

■ Sobreesfuerzos en la manipulación de los tubos

Las medidas de protección y prevención que se deben llevar a cabo para evitar los riesgos enumerados anteriormente son:

■ Las tuberías deben suspenderse desde ambos extremos con eslingas o elementos adecuados que cumplan las normas de prevención vigentes.

■ Las tuberías, cuando se encuentren suspendidas, deben guiarse desde el exterior, no pudiendo hacerlo las personas trabajadoras hasta que se encuentren próximas a la solera.

■ La presentación de los tramos de tuberías debe efectuarse a una distancia superior a los 2 m del borde de la zanja, debiendo encontrarse calzadas para evitar que rueden.

■ Una vez conectados los tramos de tuberías, se debe cerrar la zanja y enrasar la tierra, dejando las aberturas necesarias para comprobar la estanqueidad de las conexiones.

■ Las zanjas cuya profundidad sea superior a los 2 m o exista tránsito de personas y/o vehículos deben protegerse mediante un vallado específico de protección.

■ Las zanjas cuya profundidad sea inferior a los 2 m se podrán señalizar con cinta de señalización o malla plástica.

■ Si es necesario atravesar las zanjas para comunicar ambos lados, se deberá instalar una pasarela adecuada al tipo de tránsito requerido (vehículos o peatones).

■ Para acceder al fondo de la zanja se deben utilizar escaleras en buen estado.

■ Las personas trabajadoras, cuando se encuentren trabajando en el interior de la zanja, deben respetar las distancias mínimas entre ellos para no provocar accidentes.

7.4. Firmes

Se denomina *firme* al elemento encargado de otorgar la resistencia al terreno para evitar hundimientos de este y sobre el cual se colocará el "terminado" del mismo mediante el asfaltado, embaldosado o azulejado.

Los riesgos más comunes que pueden sufrir las personas trabajadoras cuando están desempeñando este tipo de tareas son:

- Atropello y atrapamiento por maquinaria y vehículos
- Choques entre la maquinaria y los vehículos
- Caída de personas al mismo y a distinto nivel
- Caídas de personas por taludes o cortes del terreno
- Contactos con líneas eléctricas (aéreas o subterráneas)
- Quemaduras y salpicaduras de elementos (asfalto)
- Inhalación de vapores
- Ruidos y vibraciones durante la compactación

Entre las medidas preventivas que se pueden adoptar se encuentran:

- Los vehículos de asfaltado deben estar provistos de equipos de control y seguridad como velocímetros, sistemas antivuelco, etc.
- No deben encontrarse personas trabajadoras en la ruta del vehículo que esté asfaltando o apisonando el alquitrán.
- Se deberá tener en cuenta la temperatura del asfalto cuando se aplique, proveyendo a las personas trabajadoras de equipos de protección adecuados a estas.

7.5. Áreas peatonales

El tajo correspondiente a la construcción de las áreas peatonales es el que corresponde con la construcción de las aceras y las zonas comunes. Estos son los riesgos más habituales:

- Caídas de personas trabajadoras al mismo y a distinto nivel.
- Caída de materiales trasportados.
- Golpes y choques por y contra objetos.
- Atrapamientos y aplastamientos de extremidades.
- Cortes en extremidades debidas al material o a las herramientas.
- Sobreesfuerzos debidos a malas posturas o movimientos de carga inadecuados o superiores a los permitidos.
- Ruidos y vibraciones.

- Contactos eléctricos (directos e indirectos).
- Dermatosis por contacto con el cemento.

Para paliar los riesgos anteriores se recomienda:

- El uso de tableros y planchas en las zanjas o huecos horizontales.
- La verificación del estado de los resguardos de protección correspondientes a las partes móviles de la maquinaria.
- El establecimiento de una zona de acopio y almacenamiento de material.
- La limpieza de escombros, de las zonas de trabajo y de las zonas de tránsito, de forma regular.
- La verificación del estado de la maquinaria antes de su uso.

7.6. Muros y obras de defensa

Un muro es un elemento que se utiliza para cerrar o delimitar un espacio usando una superficie sólida vertical, aunque en algunas ocasiones pueden desempeñar una labor meramente decorativa.

En un tajo de construcción se pueden encontrar distintos tipos de muro:

- **Muros de contención:** utilizados para evitar el desplazamiento del suelo o parte de este cuando la pendiente que lo sostenía ha desaparecido o se ha modificado con una excavación.
- **Muros de carga:** son muros que deben soportar fuerzas verticales como arcos, bóvedas, vigas, etc., que le dan estabilidad y soporte al inmueble, transmitiendo la carga a los cimientos y al terreno.
- **Muros divisorios:** muros sin función estructural y que no soportan ningún tipo de carga (horizontal o vertical), cuyo objetivo es la división o separación de espacios.

Los **riesgos** más habituales a los que se enfrentan las personas trabajadoras cuando desarrollan este tipo de tajos son:

- Desprendimientos de materiales debido a un apilado incorrecto
- Golpes en las extremidades al clavar los clavos en la madera

- Caída del encofrado y materiales al mismo y a distinto nivel
- Caída del encofrador y trabajadores al mismo y a distinto nivel
- Vuelco de materiales durante el izado a la ubicación de estos
- Cortes en las extremidades debidos a los materiales y a las herramientas utilizadas
- Pisadas sobre objetos en el suelo y punzantes
- Electrocución por un fallo de aislamiento en las herramientas
- Sobreesfuerzos posturales y por manejo de cargas inadecuadas
- Dermatosis por contacto con el cemento

Como **medidas preventivas y de protección** para tratar de evitar los riesgos anteriores se recomienda:

- Deben estar ausentes los operarios en las zonas de trabajo durante el batido del hormigón, el movimiento de materiales como ferrallas, puntales o maderas.
- El ascenso y descenso del personal al encofrado se debe realizar por escaleras homologadas.
- Se deben instalar barandillas en las situaciones que presenten riesgo de caída a distinto nivel de la persona trabajadora.
- Los clavos o puntas existentes en las maderas utilizadas en el encofrado, una vez retiradas, deben extraerse o, si no fuera posible su extracción, remacharse.
- Es obligatorio el uso de casco, calzado de seguridad, guantes y arnés si se están realizando las labores de encofrado en altura.
- Se prohibirá la realización del encofrado de la estructura si no se han instalado las redes de protección contra la caída de altura.

7.7. Puentes y pasarelas

Antes de efectuar las labores de hormigonado en la obra, se debe instalar la ferralla que refuerza la estructura, que se debe adecuar a las dimensiones y necesidades de esta.

Los **riesgos** más habituales que se producen durante el desarrollo de estos trabajos son:

- Contacto con elementos que presentan puntos de oxidación
- Pisadas sobre objetos
- Proyección de fragmentos o partículas al cortar los materiales
- Riesgo de atrapamiento o atropello
- Caídas al mismo y a distinto nivel
- Golpes contra objetos
- Vibraciones y ruidos
- Contactos eléctricos (directos e indirectos)
- Atrapamientos y caídas al andar sobre la ferralla
- Sobresfuerzos

Algunas de las **medidas de protección** que se deben incorporar cuando se lleven a cabo este tipo de trabajos son:

- Utilizar ropa de trabajo, calzado de seguridad, guantes y gafas protectoras.
- Alejarse del radio de acción de la grúa cuando esta mueva materiales para la ferralla.
- Usar arnés de seguridad si se está trabajando en alturas superiores a los 2 m.
- Realizar un pasillo con tablones de madera para evitar pisar la ferralla.
- Mantener las botas de trabajo y las escaleras limpias de barro y/o hormigón.
- Manipular los elementos pesados entre varias personas trabajadoras sin sobrepasar nunca los pesos máximos permitidos.
- Realizar el movimiento de los materiales respetando las indicaciones posturales.

7.8. Redes de servicios urbanos

Este tajo es el que corresponde al desarrollo de las redes de desagüe y suministro de los servicios necesarios para que el entorno sea habitable como suministro de agua para los jardines o las fuentes y la recogida de las aguas pluviales entre otros aspectos.

Dentro de este apartado se deberán tener en cuenta los riesgos establecidos para la instalación de los drenajes que se han visto anteriormente.

7.9. Señalización y balizamiento

Dentro del grupo de balizamiento y señalización cobra especial atención el riesgo de atropello, para lo que se considera obligatorio que todo el personal que esté desempeñando estas tareas utilice como mínimo un chaleco o ropa de trabajo reflectante, que deberá eliminarse cuando debido a la suciedad o al uso haya perdido su característica.

 Actividades

12. Establezca las diferencias existentes entre la explanación de terrenos, los desmontes y los rellenos.

8. Obra civil; riesgos genéricos en obras subterráneas, hidráulicas y marítimas

Para lograr un plan de prevención en la obra es fundamental identificar la mayor parte de los riesgos que entrañan los trabajos que se llevan a cabo. Dentro de esta identificación tienen especial relevancia las acciones y riesgos debidos a la realización de la denominada obra civil.

 Definición

Obra civil
Se define obra civil como la obra mediante la que se realizan las infraestructuras destinadas a la población de la localidad en la que se llevan a cabo, como carreteras, alcantarillado, etc.

Este tipo de obras suelen ser de gran tamaño, lo que provoca indirectamente que la cantidad de riesgos a los que se enfrentan las personas que trabajan en las mismas sea mayor.

8.1. Obras subterráneas

En este tipo de obras, los riesgos son similares a los que se pueden sufrir cuando se realiza una obra en superficie, con el hándicap de que en este caso el lugar de trabajo es un espacio cerrado.

Además de los riesgos existentes en las obras en superficie, se deben tener en cuenta los siguientes, que son específicos de las obras subterráneas:

- Los trabajos tienen unas altas exigencias físicas, puesto que se pueden alcanzar las 160 pulsaciones por minuto cuando se trabaja con los martillos neumáticos o barrenos de aire comprimido.
- Se libera una gran cantidad de polvo de sílice cristalino, presente en las rocas de forma natural, debido a las perforadoras y a los martillos neumáticos.
- Se puede sufrir dermatosis debido al polvo del cemento cuando se mezcla con el sudor sobre la piel.
- La producción de ruido alcanza unos niveles muy altos, lo que obliga a extremar la protección de las personas trabajadoras.
- Las personas trabajadoras se encuentran expuestas a las vibraciones del terreno producidas por la maquinaria.
- La maquinaria expulsa, debido a los motores de combustión, gases de escape, que tardan en evacuarse de la zona de trabajo.
- Puede aparecer radón en la atmósfera de trabajo, que se puede convertir en isótopos radioactivos al entrar en contacto con la atmósfera.
- El oxígeno puede ser desplazado por otros gases o por consumirse por otros elementos como microbios o piritas.
- Se pueden producir sepultamientos por desprendimiento de techos o paredes.
- Pueden provocarse lesiones por fuegos o explosiones debidas a las canalizaciones próximas a la zona de trabajo, cuando estas excavaciones se realizan en zonas ya habitadas.

■ Pueden aparecer bolsas de agua que pueden producir inundaciones.

■ Las condiciones laborales climáticas suelen ser desfavorables debido al frío, a la humedad o a las posturas que se deben adoptar.

8.2. Obras hidráulicas

Las obras hidráulicas son aquellas infraestructuras que se realizan para aprovechar y utilizar el agua.

Entre los riesgos más habituales en este tipo de obras se encuentran:

■ Hundimiento y vuelco de embarcaciones.

■ Rotura de amarres de embarcaciones.

■ Caída de personas trabajadoras al agua.

■ Caída de elementos suspendidos sobre el agua.

■ Ruidos y movimientos involuntarios de la embarcación.

■ Electrocución por contacto directo o indirecto.

■ Golpes con y contra objetos y herramientas.

■ Hundimiento o vuelco.

■ Riesgos específicos de los buzos.

■ Interferencias con otras embarcaciones.

 Aplicación práctica

En su localidad, el ayuntamiento ha decidido instalar una línea de metro subterránea para unir dos barrios cuya carretera en invierno presenta dificultades para el tránsito. Identifique los riesgos a los que se encontrarían sometidas las personas que desarrollen los trabajos de tunelación. ¿Cree que será suficiente con entregarles como elementos de protección casco, calzado, guantes y gafas de seguridad, mascarillas y protectores auditivos?

Continúa en página siguiente >>

<< Viene de página anterior

SOLUCIÓN

Para este tipo de trabajos se requieren unas altas condiciones físicas, por lo que se debe tener en cuenta:

- Las personas trabajadoras pueden alcanzar las 160 pulsaciones por minuto si trabajan con martillos neumáticos o barrenos de aire comprimido.
- Se libera una gran cantidad de polvo de sílice cristalino, debido a las perforadoras y a los martillos neumáticos.
- Se puede sufrir dermatosis, debido al polvo del cemento cuando se mezcla con el sudor sobre la piel.
- La producción de ruido alcanza unos niveles muy altos, que obligan a extremar la protección de las personas trabajadoras.
- Las personas trabajadoras se encuentran expuestas a las vibraciones del terreno producidas por la maquinaria.
- La maquinaria expulsa, debido a los motores de combustión, gases de escape, que tardan en evacuarse de la zona de trabajo.
- Puede aparecer radón en la atmósfera de trabajo, que se puede convertir en isótopos radioactivos al entrar en contacto con la atmósfera.
- El oxígeno puede ser desplazado por otros gases o por consumirse por otros elementos como microbios o piritas.
- Puede producirse sepultamientos por desprendimiento de techos o paredes.
- Podrían ocurrir lesiones por fuegos o explosiones debidas a las canalizaciones próximas a la zona de trabajo, cuando esas excavaciones se realizan en zonas ya habitadas.
- Pueden formarse bolsas de agua que pueden producir inundaciones.
- Las condiciones laborales climáticas suelen ser desfavorables debido al frío, a la humedad o a las posturas que se deben adoptar.

Además de los equipos de protección individual descritos en el enunciado, se les deberá entregar a las personas trabajadoras la ropa de trabajo y los equipos de protección individual que se hayan definido en el plan de prevención como específicos de la actividad que desarrollen.

8.3. Obras marítimas

Las obras marítimas son similares a las obras hidráulicas, pero sobre ellas hay que tener en cuenta los siguientes riesgos específicos:

- Causas climatológicas desfavorables.
- Riesgos propios de la manipulación de los encofrados marinos.
- Riesgos propios del hormigonado marino.
- Golpes y atrapamientos.
- Caídas desde la embarcación.
- Arrastre de personas debidas a los temporales.

9. Condiciones y prácticas inseguras características en el sector de la construcción

Cuando se produce un accidente se debe a una o varias causas, que se deben identificar para tratar de evitar que no se vuelva a producir. En gran parte de las ocasiones se deben a que se han realizado los trabajos de manera insegura.

 **Importante**

Los accidentes e incidentes de trabajo no se producen por mala suerte o casualidad.

9.1. Condiciones inseguras

Se puede establecer que una condición insegura es un riesgo que acompaña a la persona trabajadora en el desarrollo de su trabajo y que lleva asociada la posibilidad de sufrir un accidente debido a los materiales, o al ambiente de trabajo.

Un ejemplo de condición insegura es un suelo mojado debido a que llueve, y todas las personas que atraviesan esa estancia van mojando el suelo con su calzado y las gotas que caen de sus paraguas.

Las condiciones inseguras que mayor presencia tienen en las obras de construcción son:

- Uso de equipos y maquinaria que no disponen de dispositivos de seguridad.
- Falta de elementos de señalización del manejo de las herramientas.
- Obstrucción de las vías de circulación mediante el depósito de materiales.
- Ausencia de equipos de protección personal.
- Herramientas en mal estado de uso y conservación.
- Transmisión de movimiento de máquinas sin proteger.
- Superficies de trabajo en mal estado.
- Cables y alargaderas con marcas o encintados.
- Enchufes con clavijas rotas.
- Herramientas sin clavijas eléctricas que se conectan directamente con los cables de la manguera.

9.2. Prácticas inseguras

Acciones que realizan o dejan de realizar las personas trabajadoras y que pueden provocar un accidente. Habitualmente este tipo de prácticas se debe a la falta de conocimiento de la acción que se está llevando a cabo. Las prácticas inseguras dependen en su totalidad de la persona trabajadora que la lleva a cabo.

 Ejemplo

Como ejemplos de prácticas inseguras se pueden citar:

- Retirar las protecciones de una máquina (con o sin justificación).
- Usar maquinaria sin conocer su funcionamiento.
- Incumplir las reglas o la normativa de seguridad del puesto de trabajo.
- No utilizar los elementos de protección personal.
- No respetar los procedimientos de trabajo.
- Inutilizar los elementos de protección de una máquina.
- No prestar atención a los trabajos que se están desarrollando.

Aplicación práctica

Ha cambiado las ventanas de su empresa y, una vez que ha terminado el albañil, es momento de que el cristalero coloque los cristales. ¿Puede indicar las condiciones de seguridad que debe tener en cuenta para evitar el accidente de trabajo?

SOLUCIÓN

- Debe asegurarse de que el suelo no esté resbaladizo.
- La zona de trabajo debe estar limpia y ordenada.
- Las herramientas y útiles debe guardarlos en una bolsa portaherramientas.
- Debe llevar gafas y guantes de protección.
- Debe usar el casco y no quitárselo durante todo el tiempo que desarrolle los trabajos.
- Debe ir equipado con calzado de seguridad.
- Una vez colocados los cristales, se deben señalizar con cintas o pinturas, para evitar choques contra ellos.
- Se deben usar correctamente los elementos auxiliares de trabajo, como escaleras, borriquetas, etc.
- La colocación de los cristales se llevará a cabo desde el interior de la estancia.
- La zona de trabajo debe mantenerse limpia y ordenada, sin fragmentos de vidrio en el suelo.
- Los vidrios de grandes dimensiones se manipularán usando ventosas y entre varias personas.
- Los vidrios se almacenarán, transportarán y colocarán en posición vertical.

10. Implantación de obras

El primer paso que se debe dar antes de comenzar una obra de construcción es el aislamiento del entorno de la obra y la habilitación de área acotada, para que se pueda llevar a cabo la obra respetando las exigencias normativas que le afecten directa e indirectamente.

En este punto, se analizarán varios de los elementos que se deben tener en cuenta a la hora de preparar el entorno de una obra.

10.1. Vallados perimetrales

Los vallados perimetrales son los encargados de proteger el recinto en el que se encuentra la obra. Permitirán el acceso exclusivo a las personas y a los vehículos autorizados.

Deben tener 2 m de altura y disponerse alrededor de todo el perímetro del recinto. Se instalarán al comienzo de la obra y se retirarán una vez finalizada o hasta la instalación de un vallado definitivo, si estuviera previsto.

Se debe revisar cada día y se deben corregir los huecos que se hayan podido abrir tanto de forma intencionada para acceder de forma irregular a la obra como los producidos por el propio movimiento de personas, vehículos o cargas.

10.2. Puertas de entrada y salida y vías de circulación de vehículos

Para la circulación de vehículos se debe disponer de, al menos, una puerta de acceso de como mínimo 4 m de anchura, por la cual accederán y abandonarán la obra los vehículos y por la que no podrán acceder las personas trabajadoras.

Junto a las puertas de entrada se debe encontrar la señalización correspondiente a la normativa de prevención y seguridad que se debe cumplir en el interior de la obra.

Señal combinada de peligros de obra

En caso de que existan cables que crucen la puerta de acceso de los vehículos a la obra, deben situarse a una altura mínima de 5 m sobre el pavimento y deben señalizarse adecuadamente.

Se deben señalizar los recorridos de los vehículos para evitar riesgos de atropello, choques contra cables, etc., además de establecer límites máximos de velocidad, que serán más bajos en aquellas ubicaciones en las que se encuentren personas trabajadoras desarrollando sus labores.

10.3. Puertas de entrada y salida y vías de circulación de personas

Los accesos del personal a la obra deben ser independientes a las destinadas a los vehículos e incorporarán la señalización de seguridad que se debe seguir en el interior de la obra.

Se deben señalizar las vías de circulación, zonas de carga y descarga de materiales, y cualquier otra zona en la que puedan desarrollar su labor las personas trabajadoras, con el fin de evitar que corran riesgo alguno mientras se desplazan por el interior de la obra.

Las vías de circulación deben diseñarse de acuerdo con la cantidad de personas que las vayan a utilizar y el tipo de actividad a la que se destinen. Se ha de proceder también de forma regular a su mantenimiento.

Las zonas restringidas, además de estar señalizadas, deben contar con los elementos necesarios que impidan el acceso a las personas que no estén autorizadas, evitando que otras puedan acceder.

10.4. Ubicación y radio de acción de grúas

La primera tarea que se suele llevar a cabo en una obra es la instalación y montaje de una grúa-torre para realizar el movimiento de cargas. El mayor riesgo existente es el vuelco o caída de la grúa, para lo cual se deben seguir las siguientes pautas:

- Se debe ubicar la grúa en el emplazamiento especificado en el proyecto.
- Los durmientes de la grúa deben sobresalir al menos 80 cm, para aumentar la estabilidad de la grúa.
- Si existieran distintas grúas cuyos radios de acción se superpusieran, las plumas deben montarse con una diferencia de un tramo de torre para evitar su colisión. Se deberá implantar un procedimiento de preferencias de trabajo entre ellas.
- Las personas trabajadoras deben evitar la circulación bajo el radio de acción de la grúa cuando esta está en funcionamiento.

10.5. Acometidas y redes de distribución

La acometida de obra corresponde a la parte de la instalación eléctrica comprendida desde la red de distribución hasta la caja general de protección de la obra.

Las acometidas se llevan a cabo con cables trenzados colocados sobre fachada o mediante postes mediante conductores aislados de tensión nominal 1.000 voltios. Deben mantener una distancia de 2,5 m del suelo como mínimo y asegurarle al cableado una protección mecánica no inferior a IP55.

Guía rápida sobre **Ingress Protection**

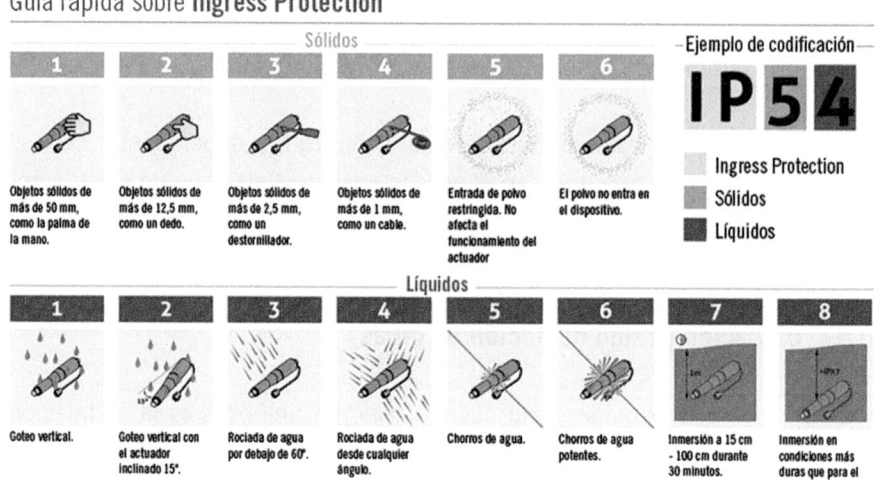

Clasificación de los distintos grados de protección IP

10.6. Servicios afectados

Cuando se lleva a cabo una obra, algunos de los servicios que se pueden ver afectados por esta son los correspondientes a los suministros de agua, electricidad, telefonía, saneamiento, alumbrado público, gas o la circulación de vehículos en las vías de tráfico colindantes a la obra.

Antes de comenzar la obra, se debe notificar a las Administraciones públicas y a las empresas de suministro que puedan verse afectadas del comienzo de esta, para que en caso necesario realicen la modificación del trazado de sus líneas de servicio o suministro.

10.7. Locales higiénico-sanitarios

El Real Decreto 486/1997, de 14 de abril, por el que se establecen las disposiciones mínimas de seguridad y salud en los lugares de trabajo, establece que:

■ Los lugares de trabajo deben disponer de vestuarios cuando las personas trabajadoras deban llevar ropa especial de trabajo.

- Los vestuarios deben albergar asientos y armarios o taquillas individuales con llave, con capacidad suficiente para guardar la ropa y el calzado. Se separará el almacenamiento de la ropa de trabajo y la de calle cuando sea debido a la suciedad, la contaminación o la humedad de la ropa de trabajo.
- Si no son necesarios los vestuarios, los trabajadores dispondrán de colgadores o armarios para colocar su ropa.
- Los lugares de trabajo dispondrán, cerca de los puestos de trabajo y de los vestuarios, de locales de aseo, con espejos, lavabos con agua corriente, caliente si es necesario, jabón y toallas individuales u otro sistema de secado con garantías higiénicas.
- Los vestuarios dispondrán de duchas de agua caliente y fría, cuando se realicen habitualmente trabajos sucios, contaminantes o que originen elevada sudoración. Se suministrará a las personas trabajadoras los medios especiales de limpieza necesarios.
- Debe existir una continuidad entre los locales de aseo y los vestuarios.
- Los lugares de trabajo dispondrán de retretes, dotados de lavabos, situados en las proximidades de los puestos de trabajo, de los locales de descanso, de los vestuarios y de los locales de aseo.
- Los retretes dispondrán de descarga automática de agua y papel higiénico. Las cabinas deben tener una puerta con cierre interior y una percha.
- Las dimensiones de los vestuarios deben tener en cuenta el número de personas trabajadoras que los puedan utilizar simultáneamente.
- Los vestuarios, locales de aseo y retretes serán de fácil acceso, adecuados a su uso y de características constructivas que faciliten su limpieza.
- Los vestuarios, locales de aseos y retretes estarán separados para hombres y mujeres, o preverse una utilización por separado de estos. No se deben utilizar para usos distintos de los que están destinados.
- Las aguas fecales deben conectarse con la red general y, si no existiera, se deberá instalar un sistema de recogida que evite que las aguas fecales afecten al medio ambiente.

10.8. Instalaciones provisionales

Una instalación provisional o temporal es la que debe colocarse durante el transcurso de la obra que permite que los trabajos se realicen con un nivel de seguridad adecuado. Se caracteriza porque, una vez finalizada la obra, se retira y se traslada a otra ubicación.

Algunas de las instalaciones provisionales más utilizadas y conocidas son las siguientes:

- **Vallado de obra:** vallado que rodea el área de la obra y que tiene como finalidad la protección de la instalación, prevenir daños a personas ajenas a la obra y el acceso a esta de personal no autorizado.
- **Instalaciones auxiliares y baños portátiles:** atendiendo a la normativa de prevención de riesgos laborales, toda obra debe disponer de locales auxiliares de fácil acceso para el uso y disfrute de los trabajadores. Su dimensión mínima es, como mínimo, de 2 m² por persona trabajadora, además de incorporar duchas, lavabos y retretes.
- **Área de descanso:** según las características de la obra, tipo de actividad y número de trabajadores totales, la obra debe disponer de un local de descanso que disponga de una entrada accesible. Estas áreas deben estar amuebladas y disponer de una cantidad de sillas con respaldo atendiendo al número de trabajadores de la obra.
- **Primeros auxilios:** dependiendo del volumen de trabajadores de la obra, será necesario uno o varios espacios de primeros auxilios con los elementos indispensables para atender a una persona trabajadora que necesite de esos servicios.

10.9. Talleres

Los talleres en una obra son las zonas habilitadas para realizar el mantenimiento o reparación de maquinaria, aunque en muchas ocasiones también se utilizan como almacenes de los gremios que intervienen en la obra.

Los talleres están ubicados en el interior de la obra, por lo que deben respetar las normas de seguridad de esta, además de las correspondientes a su sector y a la maquinaria y herramienta que utilice.

Las máquinas deben estar homologadas con el marcado CE, además de disponer de las protecciones adecuadas.

10.10. Acopios de obra

El almacenamiento de los materiales en la obra es un aspecto importante, puesto que el gremio que los necesita sabe que puede disponer de ellos porque están en la obra; pero, si no se realiza correctamente el almacenamiento de estos, puede suponer un riesgo para el resto de las personas, en el caso de que se realice fuera de las zonas establecidas.

Las formas más habituales de almacenar los materiales son las siguientes:

- **Paletizado:** es la manera más habitual en la que los proveedores entregan los materiales en la obra. Se deben colocar en superficies planas y almacenarse unos encima de otros, sin sobrepasar las alturas máximas recomendadas.
- **Apilado:** el material se apila de forma similar al paletizado, pero en esta ocasión el material no viene paletizado.
- **Amontonado:** habitualmente es la forma en la que se almacenan los áridos, en montones que se deben regar ligeramente para evitar el impacto de partículas contra las personas trabajadoras, en caso de que exista presencia de aire.
- **Recipientes especiales:** para mejorar la seguridad del elemento contenido, como pueden ser los contenedores de escombros o los bidones para los productos líquidos.

 Recuerde

En el caso de las zanjas, el almacenaje de los materiales debe realizarse a una distancia superior a los 2 m desde la orilla de estas.

Actividades

13. Realice un croquis simulando una obra y establezca en él las zonas en las que almacenaría materiales de construcción paletizados, apilados, amontonados o aquellos que utilizan recipientes especiales.
14. Investigue sobre el significado que adquiere la tercera cifra en la protección IP incorporada por la norma francesa UTE C 20 010.

11. Señalización de obras y máquinas

Un elemento de protección colectiva en la obra es la señalización de los riesgos como recordatorio de aquellos que se encuentran presentes en el puesto de trabajo.

La señalización se centra en recordar la existencia de un riesgo mediante un indicativo que puede ser informativo, de obligación o prohibición. Habitualmente, para la señalización de riesgos se utilizan paneles, señales, colores, luces, sonidos o incluso indicaciones verbales o gestuales.

Para evitar confusiones, la señalética se encuentra regulada por el Real Decreto 485/1997, de 14 de abril, sobre disposiciones mínimas en materia de señalización de seguridad y salud en el trabajo, en el que establece que corresponde al empresario adoptar las medidas precisas para que en los lugares de trabajo exista una señalización de seguridad y salud que cumpla lo establecido en ese real decreto.

La misión de la señalética en un centro de trabajo es:

- **Llamar la atención** sobre la existencia de determinados riesgos, prohibiciones u obligaciones.
- **Alertar** cuando se produzca una determinada situación de emergencia que requiera medidas urgentes de protección o evacuación.

- **Facilitar** la localización e identificación de determinados medios o instalaciones de protección, evacuación, emergencia o primeros auxilios.
- **Orientar o guiar** para realizar determinadas maniobras peligrosas.

 Definición

Señalización de seguridad y salud en el trabajo
Señalización referida a un objeto, actividad o situación determinada, que proporciona una indicación u obligación relativa a la seguridad o la salud en el trabajo mediante una señal en forma de panel, un color, una señal luminosa o acústica, una comunicación verbal o una señal gestual, según proceda.

11.1. Tipos de señalización

En una obra se pueden encontrar los siguientes tipos de señalización:

- **Señal de prohibición:** que prohíbe un comportamiento susceptible de provocar un peligro.
- **Señal de advertencia:** que advierte de un riesgo o peligro.
- **Señal de obligación:** que obliga a seguir un comportamiento determinado.
- **Señal de salvamento o socorro:** que proporciona indicaciones relativas a las salidas de emergencia, a los primeros auxilios o a los dispositivos de salvamento.
- **Señal indicativa:** que proporciona informaciones distintas a las anteriores.
- **Señal en forma de panel:** que, mediante la combinación de la forma geométrica, los colores y de un símbolo o pictograma, proporciona una determinada información, y cuya visibilidad estará asegurada por una iluminación de suficiente intensidad.
- **Señal adicional:** que, utilizada junto a otra señal, facilita informaciones complementarias.
- **Color de seguridad:** color al que se le atribuye una significación determinada en relación con la seguridad y salud en el trabajo.

- **Símbolo o pictograma:** imagen que describe una situación o que obliga a un comportamiento determinado, utilizada sobre una señal en forma de panel o sobre una superficie luminosa.
- **Señal luminosa:** señal emitida por un dispositivo.
- **Señal acústica:** señal sonora codificada, emitida y difundida por medio de un dispositivo apropiado, sin intervención de una voz humana o sintética.
- **Comunicación verbal:** mensaje verbal en el que se utiliza una voz humana o sintética.
- **Señal gestual:** movimiento o disposición de los brazos o las manos de forma codificada para guiar a las personas que están realizando maniobras que constituyan un riesgo o peligro para los trabajadores.

Las señales de trabajo se encuentran clasificadas atendiendo a la forma geométrica, al color de seguridad, al color de contraste y al color del pictograma, tal y como se puede contemplar en la imagen siguiente.

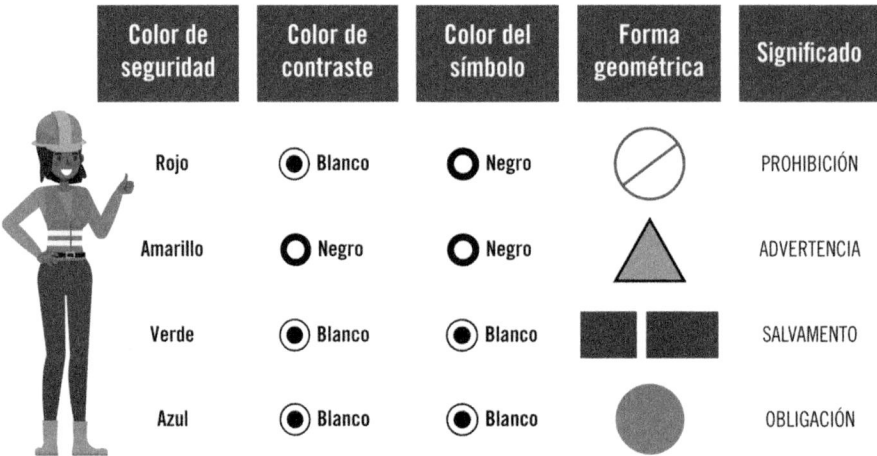

Color de seguridad	Color de contraste	Color del símbolo	Forma geométrica	Significado
Rojo	● Blanco	○ Negro	⊘	PROHIBICIÓN
Amarillo	○ Negro	○ Negro	△	ADVERTENCIA
Verde	● Blanco	● Blanco	▬ ▬	SALVAMENTO
Azul	● Blanco	● Blanco	●	OBLIGACIÓN

Relación de colores de seguridad, contraste, pictograma y forma geométrica de las distintas señales de prevención

11.2. Señales de advertencia

De forma triangular. Bordes de color negro. Pictograma negro sobre fondo amarillo (el amarillo debe cubrir como mínimo el 50 % de la superficie de la señal).

Distintas señales de advertencia

11.3. Señales de prohibición

De forma redonda. Bordes y banda transversal descendente de izquierda a derecha atravesando el pictograma a 45° respecto a la horizontal, de color rojo. Pictograma negro sobre fondo blanco.

Distintas señales de prohibición

11.4. Señales de obligación

De forma redonda. Fondo azul (el azul deberá cubrir como mínimo el 50% de la superficie de la señal). Pictograma blanco.

Distintas señales de obligación

11.5. Señales de lucha contra incendios

De forma rectangular o cuadrada. Fondo rojo (el rojo deberá cubrir como mínimo el 50 % de la superficie de la señal). Pictograma blanco.

Dirección que debe seguirse
(señal indicativa adicional a las anteriores)

Distintas señales de lucha contra incendios

11.6. Señales de salvamento y socorro

De forma rectangular o cuadrada. Fondo verde (el verde deberá cubrir como mínimo el 50 % de la superficie de la señal). Pictograma blanco.

Vía/salida de socorro

Teléfono de
salvamento

Dirección que debe seguirse
(señal indicativa adicional a las anteriores)

Primeros   Camilla   Ducha de   Lavado de
auxilios   seguridad   los ojos

Distintas señales de advertencia

Recuerde

La norma que regula las disposiciones mínimas en materia de señalización de seguridad y salud en el trabajo es el Real Decreto 485/1997.

Aplicación práctica

Han contratado la instalación del nuevo equipo de aire acondicionado en su empresa. Debido al tamaño del equipo deben instalarlo en el tejado del edificio, para lo cual es necesario el uso de una grúa que lo eleve hasta su ubicación.

¿Qué tipo de señalización utilizará el personal que se encuentre en el tejado con la persona responsable de realizar el movimiento desde la grúa?

SOLUCIÓN

Las señales que se deben emplear entre ambas personas son las señales gestuales, mediante el movimiento o disposición de los brazos o las manos de forma codificada para guiar a las personas que estén realizando las maniobras que constituyan un riesgo o peligro para los trabajadores.

Para saber más

Se recomienda la lectura de la Guía técnica sobre señalización de seguridad y salud en el trabajo, en la que se explica el Real Decreto 485/1997, de 14 de abril, sobre disposiciones mínimas en materia de señalización de seguridad y salud en el trabajo.

https://redirectoronline.com/uf05310205

 Actividades

15. Investigue sobre la idoneidad de instalar señales autoluminosas. ¿En qué casos se deben instalar?
16. Razone si considera adecuado que se unifique la señalética en los distintos ámbitos del día a día, como puede ser la conducción, el movimiento de cargas, etc.

12. Equipos de protección individual

Cuando, una vez analizados los riesgos, no se hayan podido eliminar mediante los equipos de protección colectiva, se debe recurrir a los equipos de protección individual.

Estos equipos están destinados a ser utilizados por una única persona para protegerse de uno o varios riesgos que pueden amenazar su seguridad o salud, mediante la adaptación a sus características, permitiéndole realizar los trabajos asignados con comodidad.

Actualmente se consideran siete los equipos de protección individual de que debe disponer una persona trabajadora: casco de seguridad, guantes, protección ocular, protección auditiva, protección respiratoria, calzado de seguridad y traje de cuerpo completo.

12.1. Colocación

Los equipos de protección individual deben colocarse antes de acceder a la ubicación en la que se encuentre presente el riesgo. En el caso en el que el equipo no se encuentre en buenas condiciones de uso, se debe notificar la incidencia al empresario para que a la mayor brevedad posible proceda a la sustitución.

Un EPI que no se adapte a la anatomía y fisiología de la persona portadora, además de no proporcionar la protección adecuada, puede impedir o dificultar la capacidad para realizar la tarea específica, pudiendo, incluso, constituir un riesgo para la persona trabajadora o sus compañeros.

Los equipos de protección individual reducen la visibilidad, la capacidad auditiva, la capacidad respiratoria, la movilidad, etc. de la persona trabajadora, por lo que habrán de tenerse en cuenta estas limitaciones para garantizar la seguridad de la persona que los utilice.

12.2. Usos y obligaciones

Los equipos de protección básicos y de uso es obligatorio si se quiere acceder a una obra son:

- **Casco de obra:** es el elemento más importante de protección de la cabeza contra golpes o impactos. Es un elemento fundamental en todas las obras.
- **Calzado de seguridad:** está diseñado para resistir impactos, compresiones y perforaciones, por lo que incluyen punteras de acero, suelas

antideslizantes, protecciones frente al agua y productos químicos, etc. Su función es la de reducir o minimizar el riesgo de lesión en los pies, para lo cual suelen incorporar suelas antideslizantes.

- **Guantes de seguridad:** se encargan de proteger total o parcialmente la mano o el brazo y el antebrazo en algunas ocasiones. Para seleccionar los guantes se debe tener en cuenta el tipo de trabajo que se va a realizar, motivo por el cual se encuentran agrupados en categorías.

- **Gafas o pantallas de seguridad:** encargadas de proteger los ojos y la cara contra las proyecciones de material o salpicaduras que se puedan producir debido al uso de herramientas de corte, soldadura o aire comprimido.

- **Mascarillas:** encargadas de proteger las vías respiratorias. Se deben usar cuando existan gases, polvos y humos, adecuando el filtro al tipo de contaminante presente.

- **Protectores auditivos:** se deberán usar cuando los límites de ruido superen los 80 dB. Deben utilizarse durante todo el tiempo que dure la exposición a ese nivel de ruido.

- **Arnés anticaídas:** para proteger a las personas trabajadoras contra los riesgos de caídas a distinto nivel. Se deben utilizar en aquellos trabajos en los que la persona trabajadora se encuentre a más de 2 m de altura, no debiendo iniciarse los trabajos si no existe un punto de anclaje homologado.

- **Ropa de seguridad:** en aquellos puestos en los que se prevea la circulación de vehículos, las personas trabajadoras deberán incorporar en su ropa de trabajo elementos reflectantes o chalecos que garanticen una visibilidad adecuada de la persona trabajadora.

 Sabía que...

En España el color del casco más utilizado es el blanco, mientras que en otros países se les asigna un color específico dependiendo de la categoría profesional que tenga la persona trabajadora.

Actividades

17. Acceda al catálogo de un fabricante de calzado de seguridad y analice las características del calzado atendiendo al riesgo frente al que protegen.
18. Analice los distintos tipos de guantes atendiendo a su categoría.
19. Investigue acerca de los equipos de protección individual específicos para algún trabajo de los que se desarrolla en la obra y que no se ha citado anteriormente.
20. ¿Qué equipo de protección individual le asignaría a una persona que se dedica a la instalación de tela asfáltica en los tejados de los edificios?

12.3. Mantenimiento

Una obligación de las personas trabajadoras es el mantenimiento en perfecto estado de los equipos de protección individual facilitados por el empresario, por lo que deben guardarlos después de cada uno de los usos siguiendo las indicaciones recibidas.

Si el equipo se encontrase deteriorado, debido al uso o como consecuencia de un incidente, se debe solicitar el cambio, aunque no se debe retirar si se sigue expuesto al riesgo frente al que protege el equipo.

Importante

Los equipos de protección individual se degradan debido al uso habitual y en casos de emergencia.

Aplicación práctica

Ha contratado a una nueva persona trabajadora para realizar trabajos de peón en la obra. ¿Qué equipos de protección individual debe facilitarle?

SOLUCIÓN

Como mínimo se le debe entregar:

I **Casco de obra** para la protección de la cabeza contra golpes o impactos.
I **Calzado de seguridad** para reducir o minimizar el riesgo de lesión en los pies.
I **Guantes de seguridad** para proteger total o parcialmente la mano o el brazo.
I **Gafas o pantalla de seguridad**, encargadas de proteger los ojos y la cara contra las proyecciones de material o salpicaduras.
I **Mascarilla**, encargadas de proteger las vías respiratorias.
I **Protectores auditivos**, si los límites de ruido superan los 80 dB.
I **Ropa de seguridad**, si se prevé la circulación de vehículos.

---

13. Equipos de protección colectiva

En el punto anterior se han analizado algunos equipos de protección individual que están enfocados en la protección de la persona trabajadora frente a los riesgos específicos de la obra.

En el caso de los riesgos genéricos, que afectan a todas las personas trabajadoras, se deberá optar por el uso de las protecciones colectivas, anteponiéndolas a las individuales.

Hay que tener en cuenta que, mientras la mayoría de las protecciones colectivas se centran en evitar el riesgo, hay otras que se enfocan en controlarlo, evitando el daño a la persona trabajadora una vez que se ha materializado el riesgo a través de un accidente.

13.1. Colocación

Al igual que sucede con los equipos de protección individual, los equipos de protección colectiva deben colocarse antes de realizar ningún trabajo. En el caso en el que la maquinaria no se encuentre en buenas condiciones de uso, se debe notificar la incidencia al empresario o responsable de mantenimiento para que a la mayor brevedad posible proceda a la colocación del elemento de protección o sustituya esa maquinaria.

Entre los elementos de protección colectiva más habituales que se pueden encontrar en una obra están los siguientes.

Resguardos de máquinas

Un resguardo es un medio de protección que impide el acceso de las personas o miembros de estas a la zona de peligro de la máquina. Está diseñado para garantizar la protección mediante una barrera física que evite el acceso al riesgo.

Entre las condiciones que deben cumplir los resguardos se encuentran:

- Deben ser sólidos y resistentes.
- No deben ocasionar otros riesgos.
- No deben permitir su anulación con facilidad.
- No deben situarse en la zona de peligro.
- No deben interferir en el trabajo que realiza la máquina.
- Deben permitir la realización de los trabajos de mantenimiento de la máquina.
- Deben retener los fragmentos de la propia máquina o del material con el que trabaja esta.

Barandillas de protección y apantallamientos

Las aberturas o desniveles que supongan un riesgo de caída para las personas desde una altura superior a los 2 m deben protegerse mediante barandillas o sistemas similares de protección.

Pueden tener partes móviles, en el caso de que sea necesario acceder al desnivel.

En las escaleras y en las rampas de más de 60 cm de altura, los lados cerrados dispondrán de pasamanos, a una altura mínima de 90 cm, si la anchura de la escalera es superior a 1,2 m. Si es menor y ambos lados son cerrados, llevarán pasamanos en uno de los lados.

Las barandillas deben cubrir todo el perímetro de la zona de peligro. Deben ser de material rígido y resistente a golpes, con una altura mínima de 90 cm a partir del nivel del piso. Se instalan junto a los rodapiés, con una altura mínima de 15 cm.

Redes de seguridad

Las redes de seguridad son sistemas de protección que impiden la caída de objetos o personas a distinto nivel, o cuando esto no es posible disminuyen el efecto de las consecuencias de la caída de las personas trabajadoras.

Su uso es habitual en la protección de superficie de fachadas (redes perimetrales) o huecos de la construcción.

Líneas de vida

Las líneas de vida son sistemas de protección compuestos por un cable fijado a una estructura mediante unos anclajes y una pieza corredera (carro), de forma que es imposible que esta se salga del sistema.

En este sistema, la persona trabajadora va sujeta al carro mediante un arnés, de forma que la línea de vida actúa cuando se produce la caída, aunque en algún caso también pueden actuar como sistema de limitación de movimientos para evitar el acceso a la zona de peligro.

Puntos de anclaje

Los puntos de anclaje son sistemas anticaídas pensados para trabajar en zonas muy localizadas en las que la persona trabajadora no se tiene que desplazar mucho alrededor del punto de anclaje. Son un sistema económico para aquellos edificios en los que no se puedan instalar líneas de vida.

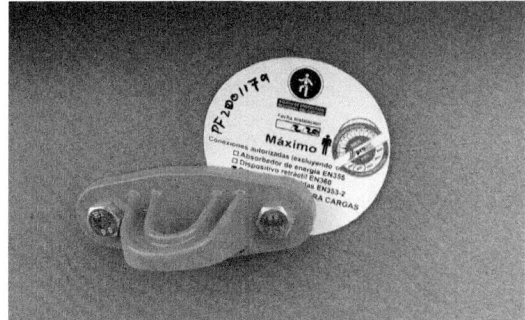

Punto de anclaje instalado y revisado

13.2. Usos y obligaciones

Como se ha indicado, en muchas ocasiones los sistemas de protección colectiva no pueden evitar el riesgo, por lo que se utilizan como elementos reductores del daño a la persona una vez que se ha materializado el riesgo, motivo por el que habitualmente en muchas obras de construcción se puede encontrar que se utilizan como apoyo a otras medidas colectivas.

Se debe comprobar que el tipo y la calidad de la red es el adecuado a las necesidades de la obra, para posteriormente comprobar el estado en que se encuentra (posibles roturas, empalmes o uniones, y resistencia), prestando especial cuidado al almacenamiento hasta que se proceda a su montaje.

Las escaleras y rampas de más de 60 cm de altura deben disponer de pasamanos.

Las barandillas deben disponer a 1 m de altura de barandilla y un rodapié que, como mínimo, mida 15 cm de altura.

13.3. Mantenimiento

Al igual que sucede con los equipos de protección individual, se debe establecer un programa de mantenimiento que obligue de forma regular a la revisión del estado de los equipos, de manera que se pueda detectar si hay alguno que no cumple su misión o se encuentra en mal estado y se debe reparar o sustituir.

Los elementos metálicos deben pintarse al menos una vez al año, si presentan signos de oxidación o corrosión, así como almacenarse en lugares adecuados.

Las redes no deben tener contacto con el suelo y se deben almacenar en zonas secas y fuera del alcance de la luz y del calor. No se guardarán definitivamente hasta que no se hayan revisado exhaustivamente los elementos metálicos y textiles.

 Actividades

21. Explique los distintos tipos de redes que se pueden encontrar en una obra.
22. Investigue acerca del procedimiento que se sigue para revisar los puntos de anclaje y las líneas de vida.

14. Medios Auxiliares

Para el desarrollo correcto de algunos trabajos en las obras es necesario utilizar medios auxiliares que sirven para alcanzar la zona en la que se debe trabajar, y que se desmontan una vez que han finalizado los trabajos.

Entre los medios auxiliares más utilizados en una obra destacan:

- **Andamios:** entendido como una construcción provisional que ayuda a la persona trabajadora a acceder a una parte del edificio que no lo es.

Facilita el suministro de materiales a ese punto. Los más usados son los andamios tubulares, de borriquetas o suspendidos.

- **Escaleras de mano:** equipo portátil, generalmente de fibra o aluminio, compuesto de dos largueros en los que están encajados transversalmente y a igual distancia los travesaños que sirven de escalones.

14.1. Colocación

Los **andamios tubulares** están formados por distintas piezas modulares que se fijan unas sobre otras, constituyendo una estructura de tubos sobre la que se instalan las plataformas para que la persona trabajadora pueda desarrollar su trabajo.

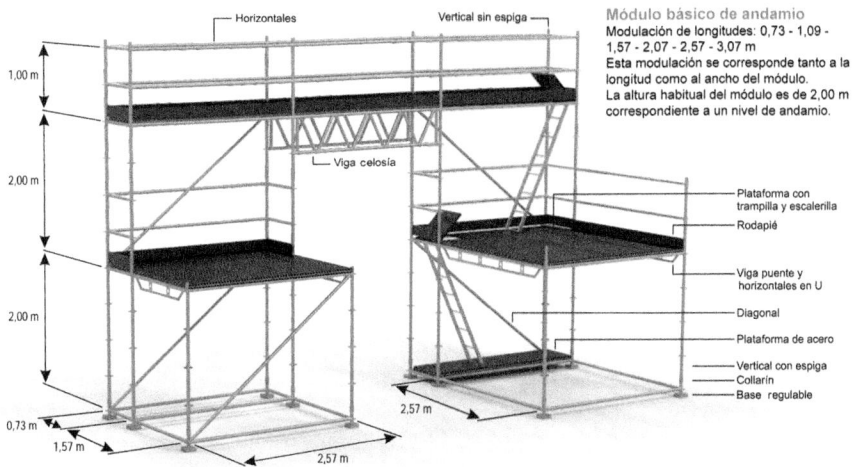

Distintos elementos que conforman un andamio y medidas normalizadas.

Los **andamios de borriquetas** son los compuestos por dos borriquetas, sobre las que se apoyan los tablones o plataformas para crear el piso del andamio.

Elementos que componen un andamio de borriquetas

Los **andamios suspendidos** son equipos que disponen de una plataforma horizontal sujeta a unos pescantes (soportes) superiores mediante unos cables de acero y que incorporan un mecanismo de elevación y descenso.

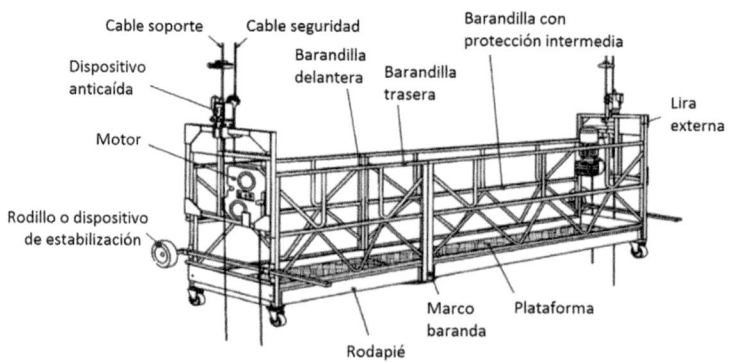

Partes que componen un andamio colgante

La **escalera** debe tener la longitud suficiente para garantizar, en todas las posiciones en las que se deba utilizar, un apoyo de manos y pies, para lo que, en caso de trabajar sobre ella, debe haber como mínimo cuatro escalones libres por encima de esa posición.

14.2. Usos y obligaciones

Los **andamios tubulares** deben tener las siguientes características para su uso seguro:

- Los puntos de apoyo de los andamios deben ser horizontales y se debe guardar esta horizontalidad en su montaje.
- Un andamio tubular puede alcanzar como máximo 6 m de altura, debiendo estar arriostrado si la altura supera os 3 metros.
- Si la altura del andamio es superior a 2 m, se deben instalar barandillas a 1 m de altura y rodapiés de 15 cm de alto.

Los **andamios de borriquetas** deben utilizarse atendiendo a las siguientes especificaciones:

- Las borriquetas deben usarse como elemento de apoyo, no debiendo usar otros materiales como sustitutivos (bidones, ladrillos, etc.).
- Las borriquetas deben disponer de sistemas de bloqueo contra aperturas accidentales.
- La plataforma de trabajo debe tener unas dimensiones de entre 3 y 5 m de largo por 60 cm de ancho y 75 mm de espesor. Los extremos de la plataforma debe sobresalir entre 10 y 20 cm como máximo por los laterales.

Los **andamios suspendidos** deben utilizarse exclusivamente cuando no sea posible el uso de otro tipo de plataforma para desarrollar los trabajos en altura.

- Los anclajes del andamio deben estar fijos al forjado y se deben revisar de forma periódica por personal que certifique su correcta sujeción.

  - Los ganchos de unión a los pescantes deben disponer de pestillo de seguridad.
  - Los usuarios deben anclarse a un cable fiador independiente del andamio suspendido, en previsión de un posible fallo de los cables que lo sujetan.

En la ubicación de las **escaleras** en los puntos de trabajo se tendrán en cuenta los siguientes requisitos:

■ La inclinación de la escalera con respecto al piso será aproximadamente de 75°.

■ La parte superior de la escalera sobrepasará en 1 m la cota de desembarco.

■ Los ascensos, descensos y los trabajos desde las escaleras se harán siempre de frente a estas.

■ Se colocarán apartadas de los elementos móviles y las zonas de paso, delimitando la base de la escalera.

■ Antes de utilizarla se debe garantizar su estabilidad.

■ La escalera debe incorporar en su base elementos que impidan el desplazamiento.

■ No deben utilizarse simultáneamente por más de una persona.

■ Si se manejan herramientas, se utilizarán cinturones portaherramientas, bolsas o bandoleras para su transporte.

■ Se prohíbe subir más arriba del antepenúltimo peldaño.

■ No se deben utilizar las escaleras como medio de transporte de materiales, pasarelas, andamios o cualquier otro fin que no sea para el que han sido diseñadas.

■ Se prohíbe la instalación de suplementos para prolongar la longitud de la escalera.

■ No se emplearán escaleras de mano de más de 5 m de longitud de cuya resistencia no se tengan garantías.

14.3. Mantenimiento

Para llevar a cabo las tareas de mantenimiento del andamio se debe realizar una inspección visual antes de su uso y de forma regular sobre cada uno de los elementos que lo componen.

Cualquier anomalía debe notificarse al responsable correspondiente para su subsanación.

En el caso de las escaleras de madera, se debe tener en cuenta que no se deben pintar, únicamente está permitido el tratamiento mediante un barniz transparente que permita ver el estado de la madera.

Se debe limpiar después de su uso y almacenarse en posición horizontal protegida de las condiciones meteorológicas.

 Aplicación práctica

Uno de los trabajadores de la empresa que está instalando el aire acondicionado debe sujetar las tuberías que unen los equipos de cada oficina con el equipo central de regulación, para lo cual utiliza una escalera.

¿Puede indicarle qué requisitos tiene que cumplir para trabajar con ella de forma segura?

SOLUCIÓN

- La inclinación de la escalera con respecto al piso será aproximadamente de 75°.
- La parte superior de la escalera sobrepasará en un 1 m la cota de desembarco.
- Los ascensos, descensos y los trabajos desde las escaleras se harán siempre de frente a estas.
- Se colocarán apartadas de elementos móviles y zonas de paso, delimitando la base de la escalera.
- Antes de utilizarla se debe garantizar su estabilidad.
- La escalera debe incorporar en su base elementos que impidan el desplazamiento.
- No deben utilizarse simultáneamente por más de una persona.
- Si se manejan herramientas, se utilizarán cinturones portaherramientas, bolsas o bandoleras para su transporte.
- Se prohíbe subir más arriba del antepenúltimo peldaño.
- No se deben utilizar las escaleras como medio de transporte de materiales, pasarelas, andamios o cualquier otro fin que no sea para el que han sido diseñadas.
- Se prohíbe la instalación de suplementos para prolongar la longitud de la escalera.
- No se emplearán escaleras de mano de más de 5 m de longitud, de cuya resistencia no se tengan garantías.

 **Actividades**

15. Investigue las características de las escaleras de fibra. ¿En qué trabajos están recomendadas?

15. Resumen

La Directiva 92/57/CEE, transpuesta al derecho español a través del Real Decreto 1627/1997, de 24 de octubre, establece las disposiciones mínimas de seguridad y salud en las obras de construcción.

En una obra de construcción se pueden encontrar distintos perfiles profesionales, que tienen asociadas unas responsabilidades acordes con el cargo que ocupan:

- Promotor
- Coordinador en materia de seguridad y salud
- Dirección facultativa
- Director de obra
- Contratista
- Subcontratista
- Trabajador autónomo

El artículo 1 del Real Decreto 39/1997, de 17 de enero, por el que se aprueba el Reglamento de los Servicios de Prevención, aborda la integración preventiva en la empresa. Más concretamente establece que:

- *La prevención de riesgos laborales debe integrarse en el sistema general de gestión de la empresa, comprendiendo sus actividades y a todos los niveles jerárquicos.*
- *La integración de la prevención debe proyectarse en los procesos técnicos, en la organización del trabajo y en las condiciones en las que este se preste.*
- *Su integración en los niveles jerárquicos de la empresa implica la atribución a todos ellos y la asunción por estos de la obligación de incluir*

la prevención de riesgos en cualquier actividad que realicen u ordenen y en todas las decisiones que adopten.

Los accidentes más habituales que se producen en una obra de construcción son:

- Accidentes con maquinaria
- Accidentes *in itinere*
- Accidentes por andamios inseguros
- Accidentes por falta de señalización
- Atrapamientos
- Caídas de altura
- Electrocuciones
- Exposición a sustancias peligrosas
- Fatiga y sobreesfuerzo
- Golpes por objetos
- Lesiones por herramientas manuales

Las condiciones inseguras son aquellos riesgos que acompañan a la persona trabajadora en el desarrollo de su trabajo y que llevan asociadas la posibilidad de sufrir un accidente debido a los materiales o al ambiente de trabajo.

Las prácticas inseguras son las acciones que realizan o dejan de realizar las personas trabajadoras y que pueden provocar un accidente. Habitualmente este tipo de prácticas se deben a la falta de conocimiento de la acción que se está llevando a cabo.

En la implantación de una obra se deben tener en cuenta distintos elementos encargados de proteger la obra y a las personas que trabajan en ella, como:

- Los vallados perimetrales: están destinados a proteger el recinto y limitar el acceso de personas autorizadas a la obra.
- Las puertas de acceso de vehículos: deben tener una anchura mínima de 4 m e incorporar un portón. Por ellas no podrá acceder el personal.
- Puertas de acceso peatonal para el personal: por ellas accede el personal que trabaja en las obras.

El Real Decreto 485/1997 es la normativa que regula las disposiciones mínimas en materia de señalización de seguridad y salud en el trabajo.

En una obra se pueden encontrar los siguientes tipos de señalización:

- Señal de prohibición: advierte que un comportamiento es susceptible de provocar un peligro.
- Señal de advertencia: advierte de un riesgo o peligro.
- Señal de obligación: exige seguir un comportamiento determinado.
- Señal de salvamento o de socorro: proporciona indicaciones relativas a las salidas de evacuación y socorro, a los primeros auxilios o a los dispositivos de salvamento.
- Señal indicativa: proporciona informaciones distintas de las anteriores.
- Señal en forma de panel: mediante la combinación de la forma geométrica, de colores y de un símbolo o pictograma, proporciona una determinada información. Su visibilidad está asegurada por una iluminación de suficiente intensidad.
- Señal adicional: utilizada junto a otra señal facilita informaciones complementarias.
- Color de seguridad: color al que se le atribuye una significación determinada en relación con la seguridad y salud en el trabajo.
- Símbolo o pictograma: imagen que describe una situación u obliga a un comportamiento determinado, utilizada sobre una señal en forma de panel o sobre una superficie luminosa.
- Señal luminosa: señal emitida por un dispositivo.
- Señal acústica: señal sonora codificada, emitida y difundida por medio de un dispositivo apropiado, sin intervención de una voz humana o sintética.
- Comunicación verbal: mensaje verbal en el que se utiliza una voz humana o sintética.
- Señal gestual: movimiento o disposición de los brazos o las manos de forma codificada para guiar a las personas que están realizando maniobras que constituyan un riesgo o peligro para las personas trabajadoras.

Los equipos de protección individual están destinados a ser utilizados por una única persona para protegerse de los riesgos que puedan amenazar su seguridad o salud, mediante la adaptación a sus características, permitiéndole realizar los trabajos asignados con comodidad.

Entre los equipos de protección individual, en una obra, destacan:

- Casco de obra
- Calzado de seguridad
- Guantes de seguridad
- Gafas o pantallas de seguridad
- Mascarillas
- Protectores auditivos
- Arnés anticaídas
- Ropa de seguridad

La protección colectiva debe primar sobre la colección individual. No se debe olvidar que las protecciones colectivas pueden evitar o controlar el riesgo una vez que este se ha producido.

Las protecciones colectivas más usadas en el sector de la construcción son:

- Resguardos de máquinas
- Barandillas de protección y apantallamientos
- Redes de seguridad
- Líneas de vida
- Puntos de anclaje

Los medios auxiliares son aquellos que sirven para alcanzar la zona de trabajo sobre la que se debe actuar.

Los medios auxiliares más empleados son:

- Andamios

  - Tubulares
  - Borriquetas
  - Suspendidos

- Escaleras

La forma más rápida de conocer si un equipo auxiliar se encuentra en buen estado es mediante las inspecciones visuales antes de su utilización.

Ejercicios de repaso y autoevaluación

1. **Indique si las siguientes afirmaciones son verdaderas o falsas:**

   a. El sector de la construcción presenta riesgos que pueden ser mortales si se materializan.

   ☐ Falso
   ☐ Verdadero

   b. La implantación de medidas de seguridad debe analizarse exclusivamente desde los costes de la obra.

   ☐ Falso
   ☐ Verdadero

   c. En las obras de construcción intervienen personas que no se encuentran habitualmente en otros sectores.

   ☐ Falso
   ☐ Verdadero

2. **Enumere los distintos perfiles profesionales que se pueden encontrar en una obra.**

   _____
   _____

3. **Complete la siguiente afirmación:**

   La figura del _____ en materia de _____ y _____ es _____ siempre que sea una obra de construcción, _____ o _____, independientemente del _____ y _____ de la obra.

4. ¿Qué figuras se integran dentro de la dirección facultativa de la obra?

    a. El trabajador autónomo y el servicio de prevención
    b. El contratista y el subcontratista
    c. El director de obra y el director de ejecución
    d. Las personas trabajadoras y sus representantes

5. Enumere tres acciones que debe desarrollar un servicio de prevención ajeno.

_____

_____

_____

_____

_____

_____

6. El principal riesgo que se presenta en las obras de construcción son...

    a. ... las vibraciones.
    b. ... los golpes por objetos.
    c. ... los accidentes con maquinaria.
    d. ... las caídas de altura.

7. ¿Qué nombre reciben los accidentes que se producen en la ida y vuelta del domicilio de la persona trabajadora al trabajo y viceversa?

    a. Accidentes profesionales
    b. Enfermedades profesionales
    c. Accidentes *in itinere*
    d. Accidentes vehiculares

8. ¿Cuál de las siguientes afirmaciones NO es correcta con respecto al uso de andamios?

    a. Deben arriostrarse para evitar movimientos no deseados.
    b. Deben disponer de rodapiés de 15 cm como mínimo.
    c. Deben disponer de barandillas y rodapiés.
    d. Deben estar en contacto con la fachada del edificio.

9. ¿Cuál es la diferencia entre apeo y apuntalamiento?

_____
_____
_____
_____

10. Enumere las cinco reglas de oro que se deben tener en cuenta para realizar traba-
    jos en tensión.

_____
_____
_____
_____
_____
_____
_____

Bibliografía

Monografías

ALEMÁN Pardo, F., ALEMÁN Guillén, F. y ALEMÁN Guillén, P: *Diccionario de Prevención de Riesgos Laborales.* Editorial Wolters Kluwer España, S. A. Madrid, 2020.

CORTÉS Díaz, J. M.: *Técnicas de prevención de Riesgos Laborales. Seguridad e Higiene del Trabajo.* Madrid: Editorial Tébar Flores, 2018.

GARCÍA Segura, V.: *Básico de Prevención de Riesgos Laborales para Trabajo en altura.* Antequera: Editorial IC Editorial, 2023.

GARCÍA Segura, V.: *Prevención de Riesgos Laborales Básico. Trabajo en altura.* Antequera: Editorial IC Editorial, 2014.

MATEO Floria, P., GONZÁLEZ Ruíz, A., GONZÁLEZ Maestre, D.: *Manual para el técnico en Prevención de Riesgos Laborales.* Madrid: Editorial Fundación Confemetal, 2010.

QUINTANILLA Piña, R.: *Prevención básica de riesgos laborales en construcción.* Antequera: Editorial IC Editorial, 2014.

RUBIO Ruíz, A.: *Manual de derechos, obligaciones y responsabilidades en la prevención de riesgos laborales.* Madrid: Editorial Fundación Confemetal, 2002.

Legislación

❚ Ley 23/2015, de 21 de julio, Ordenadora del Sistema de Inspección de Trabajo y Seguridad Social.

❚ Ley 31/1995, de 8 de noviembre, de prevención de Riesgos Laborales.

❚ Ley 38/1999, de 5 de noviembre, de Ordenación de la Edificación.

❚ Ley 54/2003, de 12 de diciembre, de reforma del marco normativo de la prevención de riesgos laborales.

❚ Real Decreto Legislativo 8/2015, de 30 de octubre, por el que se aprueba el texto refundido de la Ley General de la Seguridad Social.

❚ Real Decreto 486/2010, de 23 de abril, sobre la protección de la salud y la seguridad de los trabajadores contra los riesgos relacionados con la exposición a radiaciones ópticas artificiales.

❚ Real Decreto 337/2010 de 19 de marzo, por el que se modifican el R. D. 39/1997, de 17 de enero, por el que se aprueba el Reglamento de los Servicios de Prevención, el R. D. 1109/2007, de 24 de agosto, por el que se desarrolla la Ley 32/2006, de 18 de octubre, reguladora de la subcontratación en el sector de la Construcción y el R. D. 1627/1997, de 24 de octubre, por el que se establecen disposiciones mínimas de seguridad y salud en obras de construcción.

❚ Real Decreto 286/2006, de 10 de marzo, sobre la protección de la salud y la seguridad de los trabajadores contra los riesgos relacionados con la exposición al ruido.

❚ Real Decreto 604/2006 de 19 de mayo, por el que se modifican el Real Decreto 39/1997, de 17 de enero, por el que se aprueba el Reglamento de los Servicios de Prevención, y el Real Decreto 1627/1997, de 24 de octubre, por el que se establecen las disposiciones mínimas de seguridad y salud en las obras de construcción.

❚ Real Decreto 1299/2006, de 10 de noviembre, por el que se aprueba el cuadro de enfermedades profesionales en el sistema de la Seguridad Social y se establecen criterios para su notificación y registro.

- Real Decreto 1311/2005, de 4 de noviembre, sobre la protección de la salud y la seguridad de los trabajadores frente a los riesgos derivados o que puedan derivarse de la exposición a vibraciones mecánicas.

- Real Decreto 374/2001, de 6 de abril, sobre la protección de la salud y seguridad de los trabajadores contra los riesgos relacionados con los agentes químicos durante el trabajo.

- Real Decreto 485/1997, de 14 de abril, sobre disposiciones mínimas en materia de señalización de seguridad y salud en el trabajo.

- Real Decreto 486/1997, de 14 de abril, por el que se establecen las disposiciones mínimas de seguridad y salud en los lugares de trabajo.

- Real Decreto 664/1997, de 12 de mayo, sobre la protección de los trabajadores contra los riesgos relacionados con la exposición a agentes biológicos durante el trabajo.

- Real Decreto 665/1997, de 12 de mayo, sobre la protección de los trabajadores contra los riesgos relacionados con la exposición a agentes cancerígenos, mutágenos o reprotóxicos durante el trabajo.

- Real Decreto 773/1997, de 30 de mayo, sobre disposiciones mínimas de seguridad y salud relativas a la utilización por los trabajadores de equipos de protección individual.

- Real Decreto 39/1997, de 17 de enero, por el que se aprueba el Reglamento de los Servicios de Prevención.

- Real Decreto 487/1997, de 14 de abril, sobre disposiciones mínimas de seguridad y salud relativas a la manipulación manual de cargas que entrañe riesgos, en particular dorsolumbares, para los trabajadores.

- Real Decreto 1627/1997 de 24 de octubre, por el que se establecen disposiciones mínimas de seguridad y de salud en las obras de construcción.

- Orden de 16 de diciembre de 1987 por la que se establecen nuevos modelos para la notificación de accidentes de trabajo y se dan instrucciones para su cumplimentación y tramitación.

Textos electrónicos, bases de datos y programas informáticos

❚ Guías técnicas específicas del Instituto Nacional de Seguridad y Salud en el trabajo, de: <https://www.insst.es/especificas>.

❚ Guías técnicas transversales del Instituto Nacional de Seguridad y Salud en el trabajo, de: <https://www.insst.es/guias-tecnicas-transversales>.

❚ Manual básico de seguridad y salud en el trabajo, de: <https://invassat.gva.es/es/manual-basico-sst>.

❚ Manual de prevención de riesgos laborales de la universidad de Sevilla, de: <http://direccioncitius.us.es/2016-11_Manual_de_PRRLL_de_la_US.pdf>.

❚ Manual de procedimientos de prevención de riesgos laborales. Guía de elaboración, de: <https://www.cnae.com/ficheros/files/prl/Manual_procedimientos.pdf>.

❚ Manual de seguridad, de < https://www.isastur.com/external/seguridad/data/es/1/1_1.htm>.

❚ Seguridad en trabajos en altura. Guía para la prevención de riesgos laborales en la ejecución de trabajos en altura con riesgo de caída desde altura, de: <https://www.osalan.euskadi.eus/contenidos/libro/seguridad_200735/es_200735/adjuntos/Trabajos%20en%20altura.pdf>.